Ein Verfahren zur zielorientierten Auftragseinplanung für teilautonome Leistungseinheiten

Fakultät Konstruktions- und Fertigungstechnik

der Universität Stuttgart

zur Erlangung der Würde

eines Doktor-Ingenieurs (Dr.-Ing.)

Dipl. Wirtsch.-Ing. Jürgen Bischoff

26. Januar 1998

Jürgen Bischoff

Ein Verfahren zur zielorientierten Auftragseinplanung für teilautonome Leistungseinheiten

Mit 86 Abbildungen

Springer

Dr.-Ing. Jürgen Bischoff
Fraunhofer-Institut für Produktionstechnik und Automatisierung (IPA), Stuttgart

Prof. Dr.-Ing. Dr. h. c. mult. H. J. Warnecke
o. Professor an der Universität Stuttgart
Präsident der Fraunhofer-Gesellschaft, München

Prof. Dr.-Ing. Dr. h. c. E. Westkämper
o. Professor an der Universität Stuttgart
Fraunhofer-Institut für Produktionstechnik und Automatisierung (IPA), Stuttgart

Prof. Dr.-Ing. habil. Prof. e. h. Dr. h. c. H.-J. Bullinger
o. Professor an der Universität Stuttgart
Fraunhofer-Institut für Arbeitswirtschaft und Organisation (IAO), Stuttgart

D 93

ISBN-13: 978-3-540-66090-3   e-ISBN-13: 978-3-642-47980-9
DOI: 10.1007/978-3-642-47980-9

Gesamtherstellung: Copydruck GmbH, Heimsheim
SPIN 10732112   62/3020−543210

Geleitwort der Herausgeber

Über den Erfolg und das Bestehen von Unternehmen in einer marktwirtschaftlichen Ordnung entscheidet letztendlich der Absatzmarkt. Das bedeutet, möglichst frühzeitig absatzmarktorientierte Anforderungen sowie deren Veränderungen zu erkennen und darauf zu reagieren.

Neue Technologien und Werkstoffe ermöglichen neue Produkte und eröffnen neue Märkte. Die neuen Produktions- und Informationstechnologien verwandeln signifikant und nachhaltig unsere industrielle Arbeitswelt. Politische und gesellschaftliche Veränderungen signalisieren und begleiten dabei einen Wertewandel, der auch in unseren Industriebetrieben deutlichen Niederschlag findet.

Die Aufgaben des Produktionsmanagements sind vielfältiger und anspruchsvoller geworden. Die Integration des europäischen Marktes, die Globalisierung vieler Industrien, die zunehmende Innovationsgeschwindigkeit, die Entwicklung zur Freizeitgesellschaft und die übergreifenden ökologischen und sozialen Probleme, zu deren Lösung die Wirtschaft ihren Beitrag leisten muß, erfordern von den Führungskräften erweiterte Perspektiven und Antworten, die über den Fokus traditionellen Produktionsmanagements deutlich hinausgehen.

Neue Formen der Arbeitsorganisation im indirekten und direkten Bereich sind heute schon feste Bestandteile innovativer Unternehmen. Die Entkopplung der Arbeitszeit von der Betriebszeit, integrierte Planungsansätze sowie der Aufbau dezentraler Strukturen sind nur einige der Konzepte, welche die aktuellen Entwicklungsrichtungen kennzeichnen. Erfreulich ist der Trend, immer mehr den Menschen in den Mittelpunkt der Arbeitsgestaltung zu stellen - die traditionell eher technokratisch akzentuierten Ansätze weichen einer stärkeren Human- und Organisationsorientierung. Qualifizierungsprogramme, Training und andere Formen der Mitarbeiterentwicklung gewinnen als Differenzierungsmerkmal und als Zukunftsinvestition in *Human Resources* an strategischer Bedeutung.

Von wissenschaftlicher Seite muß dieses Bemühen durch die Entwicklung von Methoden und Vorgehensweisen zur systematischen Analyse und Verbesserung des Systems Produktionsbetrieb einschließlich der erforderlichen Dienstleistungsfunktionen unterstützt werden. Die Ingenieure sind hier gefordert, in enger Zusammenarbeit mit anderen Disziplinen, z. B. der Informatik, der Wirtschaftswissenschaften und der Arbeitswissenschaft, Lösungen zu erarbeiten, die den veränderten Randbedingungen Rechnung tragen.

Die von den Herausgebern langjährig geleiteten Institute, das

- Institut für Industrielle Fertigung und Fabrikbetrieb der Universität Stuttgart (IFF),

- Institut für Arbeitswissenschaft und Technologiemanagement (IAT),

- Fraunhofer-Institut für Produktionstechnik und Automatisierung (IPA),

- Fraunhofer-Institut für Arbeitswirtschaft und Organisation (IAO) arbeiten in grundlegender und angewandter Forschung intensiv an den oben aufgezeigten Entwicklungen mit. Die Ausstattung der Labors und die Qualifikation der Mitarbeiter haben bereits in der Vergangenheit zu Forschungsergebnissen geführt, die für die Praxis von großem Wert waren. Zur Umsetzung gewonnener Erkenntnisse wird die Schriftenreihe „IPA-IAO - Forschung und Praxis" herausgegeben. Der vorliegende Band setzt diese Reihe fort. Eine Übersicht über bisher erschienene Titel wird am Schluß dieses Buches gegeben.

Dem Verfasser sei für die geleistete Arbeit gedankt, dem Springer-Verlag für die Aufnahme dieser Schriftenreihe in seine Angebotspalette und der Druckerei für saubere und zügige Ausführung. Möge das Buch von der Fachwelt gut aufgenommen werden.

H. J. Warnecke E. Westkämper H.-J. Bullinger

Die vorliegende Arbeit entstand während meiner Tätigkeit am Fraunhofer-Institut für Produktionstechnik und Automatisierung (IPA) im Stuttgart.

Herrn Professor Dr.-Ing. Dr. h.c. Westkämper bin ich für die wohlwollende Förderung der Arbeit und die damit verbundenen konstruktiven Diskussionen zu besonderem Dank verpflichtet. Mein Dank gilt auch Herrn Professor Dr.-Ing. Pawellek für die sorgfältige Durchsicht der Arbeit und die Übernahme des Mitberichts. Herrn Professor Dr.-Ing. Dr. h.c. mult. Warnecke danke ich für die thematischen Anregungen zu Beginn des Promotionsverfahrens.

Ein herzlicher Dank geht an Herrn Dr. Sihn für die motivierenden Gespräche, die auch über das Dissertationsthema hinausgingen sowie an Herrn Dr. König für die stetige Diskussionsbereitschaft und die konstruktiven Anregungen.

Allen Mitarbeitern des Instituts, die mir durch ihre Einsatz- und Hilfsbereitschaft die Erstellung der Arbeit erleichtert haben, danke ich vielmals.

Den bedeutendsten Anteil haben jedoch meine Frau Heike und meine Söhne Lars und Boike an der Fertigstellung dieser Arbeit. Ohne ihren Zuspruch, ihre Geduld, ihr Verständnis und ihr Vertrauen hätte ich es nicht geschafft. Ihnen sei deshalb die vorliegende Arbeit gewidmet. Vielen Dank.

Inhaltsverzeichnis

Abbildungsverzeichnis

1 Einleitung

Die Wettbewerbsfähigkeit eines Unternehmens auf in- und ausländischen Märkten wird heute nicht mehr nur durch die Funktionalität und Qualität der erzeugten Produkte bestimmt, sondern immer mehr von der Anpassungsfähigkeit des Unternehmens. In zunehmenden Maße werden produzierende Unternehmen mit sich ständig ändernden Anforderungen konfrontiert, die ihren Ursprung teilweise innerhalb des Unternehmens haben, aber auch von außen herangetragen werden /SPU-97/. Die Veränderungen der Beschaffungs- und Absatzmärkte, des wirtschaftlichen Umfelds, der Wettbewerber und nicht zuletzt der Kundenanforderungen erfordern von Unternehmen ein hohes Maß an Anpassungsfähigkeit und Flexibilität, also eine möglichst schnelle und zielorientierte Reaktion auf sich ändernde Rahmenbedingungen.

Einhergehend mit dem Wandel vom Verkäufer- zum Käufermarkt ist auch eine Schwerpunktverlagerung der Ziele des Unternehmens festzustellen. Während früher ein Qualitätsvorsprung der Produkte und ein hoher Grad der Kapazitätsauslastung eng mit hohem Gewinn korrelierte, sind heute zunehmend die schnelle und termingetreue Lieferung bei geringem gebundenem Kapital Erfolgsfaktoren eines Unternehmens.

Zur Erreichung dieser Ziele konzentrieren die Unternehmen sich heute sehr stark auf organisatorische Konzepte und auf die Aktivierung humaner Ressourcen /WES-96b/. Dabei werden hierarchisch-zentralistische und tayloristisch geprägte Produktionsstrukturen[1] aufgebrochen und dezentrale, eigenständige und sich selbst steuernde Leistungseinheiten geschaffen, die sich durch eine hohe Autonomie auszeichnen[2]. Die Orientierung dieser Einheiten am gesamtwirtschaftlichen Optimum des Unternehmens stellt sich als dynamischer Prozeß dar, der die teilweise konkurrierenden Vorgaben aus hohem Innovations-, Qualitäts-, Kosten- und Termindruck zu vereinen hat.

Von entscheidender Bedeutung bei der Umsetzung dieser Vorgaben ist die effiziente Integration der Produktion, als Summe von Fertigungs- und Montagebereichen mit den dispositiven Funktionen der Produktionsplanung und -steuerung, in das gesamtunternehmerische Umfeld. Teilautonome Leistungseinheiten in dezentralen Produktionsstrukturen besitzen, begründet in ihrer Autonomie, zahlreiche Möglichkeiten zur Nutzung dispositiver Handlungsspielräume.

---

[1] Die Produktionsstruktur beschreibt die personellen, organisatorischen, technischen und informationstechnischen Zusammenhänge für die betriebliche Wertschöpfungskette und stellt damit eine Schlüsselfunktion für den Erfolg des Unternehmens dar /WAR-93a/. Abhängig von der Produktionsstruktur ergeben sich unterschiedliche Anforderungen an ein übergeordnetes Planungs- und Steuerungskonzept /DAN-92/.

[2] Die aufgeführten charakteristischen Merkmale sind Bestandteil verschiedener, arbeitsorganisatorischer Organisationskonzepte, die trotz der Unterschiedlichkeit der Ansätze jeweils diese Merkmale beinhalten /WAR-93, WIL-94, NAG-93/

Die Auftragseinplanung als verbindendes Element zwischen der Planungs- und der Ausführungsebene nimmt hierbei eine Schlüsselstellung ein. Das Planungsergebnis der Auftragseinplanung beeinflußt in maßgeblicher Weise den unternehmerischen Erfolg einer teilautonomen Leistungseinheit, indem es Vorgabewerte für die Ziele der Fertigungssteuerung erzeugt. Dabei ist für teilautonome Leistungseinheiten jedoch zu beachten, daß sie aufgrund ihrer Strukturindividualität[3] diese Ziele mit unterschiedlicher Intensität verfolgen. Für die Bewertung des unternehmerischen Erfolgs werden demnach auch jeweils spezifische Bewertungsmaßstäbe angewendet. Für teilautonome Leistungseinheiten ist es somit unbedingt erforderlich, bei der Nutzung der dispositiven Handlungsspielräume, also im Rahmen der Funktion der Auftragseinplanung, ihre spezifischen Ziele zu berücksichtigen.

Der dezentrale Aufbau der Organisationsstruktur mit teilautonomen Leistungseinheiten und eine darauf angepaßte Struktur der Produktionsplanung und -steuerung ermöglichen eine intensive Nutzung der Fachkompetenz und der Organisationsfähigkeit der Mitarbeiter einer Leistungseinheit. Durch eine entsprechende Gestaltung des Umfelds der Auftragseinplanung können diese Effekte noch weiter verstärkt werden, indem die Grundansätze der Dezentralisierung und der Autonomie auf die Auftragseinplanung übertragen werden.

Ziel der vorliegenden Arbeit ist es daher, aufbauend auf dem Umfeld der Auftragseinplanung und den sich daraus ergebenden Handlungsmöglichkeiten dezentraler, teilautonomer Leistungseinheiten, ein Verfahren zur zielorientierten Auftragseinplanung auf Basis dynamischer Zielprioritäten zu entwickeln. Dezentrale, teilautonome Leistungseinheiten sollen dadurch, insbesondere aufgrund der hohen Anforderungen an die Flexibilität der betrieblichen Leistungserstellung und der sich kontinuierlich reduzierenden Lieferzeiten, im kurzfristigen Planungsbereich bestmöglich unterstützt werden.

---

[3] Die Strukturindividualität einer teilautonomen Leistungseinheit wird beschrieben durch die ihr spezifisch zugeordneten Planungs- und Herstellungsaufgaben, die zu ihrem Verfügungsbereich gehörenden Fertigungsressourcen und ihrer spezifischen Ziele. Innerhalb eines Unternehmens können demnach teilautonome Leistungseinheiten existieren, die sich bzgl. der beschriebenen Kriterien stark unterscheiden /WAR-94/.

2 Festlegung des Untersuchungsbereiches

Die Abgrenzung des Untersuchungsbereiches wird bzgl. der Kriterien der Funktion der Produktionsplanung und -steuerung, der Klassifizierung des Produktionstyps und der Organisationsstruktur der Produktion vorgenommen.

Die betrachtete Produktionsplanung und -steuerungsfunktion wird auf das Verfahren zur Auftragseinplanung beschränkt. Produktionstyp und organisatorisches Umfeld bedingen die im Verlauf der Arbeit wichtigen Punkte der spezifischen Anforderungen, die Merkmale sowie Einsatzfähigkeit und Effizienz des Verfahrens. Der Betrachtungsbereich des Produktionstyps wird aufgrund seiner für die Auftragseinplanung besonderen Relevanz auf den Produktionstyp der Einzel- und Kleinserienfertigung focussiert. Die vielfältigen Ausprägungen der Organisationsstruktur der Produktion werden im Rahmen dieser Arbeit auf die Organisationsform dezentraler, teilautonomer Leistungseinheiten beschränkt.

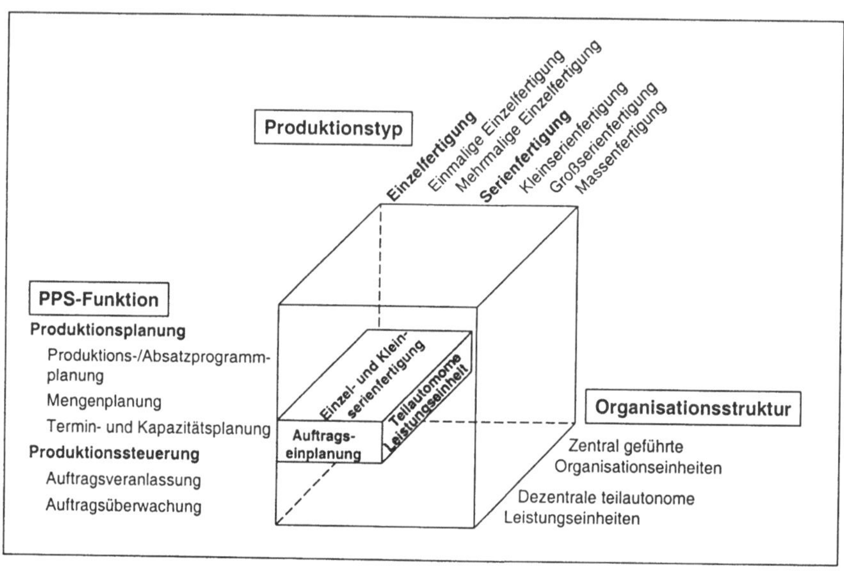

Abbildung 2-1   Abgrenzung des Untersuchungsbereiches

2.1 Produktionsplanung und -steuerung und Produktionstyp

2.1.1 Die Auftragseinplanung als Element der Produktionsplanung und -steuerung

Im betrieblichen Leistungserstellungsprozess nimmt die Produktionsplanung und -steuerung eine zentrale und bedeutende Rolle ein. Zäpfel systematisiert die Aufgaben der Produktionsplanung und -steuerung in /ZÄP-96/:

- Aufgaben der strategischen Produktionsplanung,

- Aufgaben der taktischen Produktionsplanung und

- Aufgaben der operativen Produktionsplanung und -steuerung.

In der strategischen Produktionsplanung sind die Funktionen der Ziel- und Strategiefindung angesiedelt, um für das gesamte Leistungserstellungssystem eine wettbewerbsfähige Produktion zu schaffen bzw. zu erhalten /COR-94/, /HAH-96/.

Die taktische Produktionsplanung beinhaltet die Konkretisierung der Produktionsstrategie. Hierbei sind Entscheidungen über die Leistungsfelder, also die Produkte und die Produktgestaltung, die Kapazitäten des Personals und der Betriebsmittel[4] sowie über die Produktionsorganisation zu fällen /HOI-93/, / SCH-94b/.

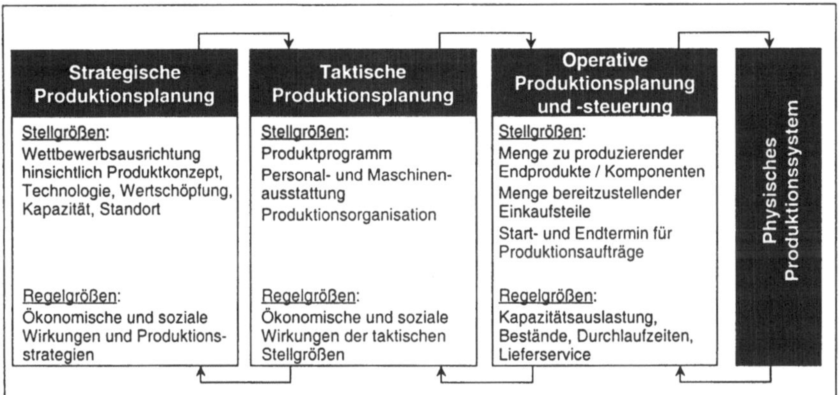

Abbildung 2-2   *Regelkreise der strategischen, taktischen und operativen Produktionsplanung und -steuerung[5]*

---

[4] Betriebsmittel sind „Anlagen, Geräte und Einrichtungen, die zur betrieblichen Leistungserstellung dienen" /LPPS-83 S. 125/. Hierzu zählen auch Werkzeuge und Vorrichtungen /vgl. LPPS-83 S. 191/. Für letztere wird im folgenden der Begriff Fertigungshilfsmittel verwendet.

[5] Vgl. ZÄP-96

Die operative Produktionsplanung und -steuerung umfaßt die Aufgaben zum möglichst optimalen Einsatz des vorhandenen Produktionsapparates und den wirtschaftlichen Vollzug der Aufgabenerfüllung. Dabei werden unter Berücksichtigung der Entscheidungen der strategischen und taktischen Produktionsplanung die Absatzmöglichkeiten für einen vorgegebenen Planungszeitraum betrachtet.

Strategische, taktische und operative Produktionsplanung und -steuerung sind stark voneinander abhängig und lassen sich in Regelkreisen darstellen, wobei die einzelnen Stufen jeweils in Wechselwirkung zueinander stehen /ADA-88, S. 5-21/. Die Planungsergebnisse einer Stufe sind Vorgaben für die nächstfolgende Stufe. Von übergeordneten zu den untergeordneten Stufen werden die Stellgrößen mit abnehmendem Planungshorizont, jedoch mit zunehmendem Detaillierungsgrad, beplant /FIR-96/.

Betrachtungsbereich der folgenden Ausarbeitungen ist die operative Produktionsplanung und -steuerung, im folgenden als Produktionsplanung und -steuerung bzw. PPS bezeichnet.

Die Produktionsplanung und -steuerung steht dabei in engen Beziehungen zu den Absatz- und Beschaffungsmärkten, die über den Vertrieb anhand von Kundenaufträgen und über den Einkauf anhand von Bestellungen ausgeprägt sind. Die in der Produktion zu erbringende Wertschöpfung wird über Produktionsaufträge durch die Produktionsplanung und -steuerung bestimmt, unter der Beachtung der Lagerbestände an Zukaufteilen und Fertigwaren. Die in Abbildung 2-3 vorgenommene Eingliederung der PPS in den betrieblichen Material- und Informationsfluß ordnet die Auftrags- und Kapazitätsüberwachung ebenfalls dem Aufgabenumfang der Produktionsplanung und -steuerung zu /FIR-96, S. 20 ff/.

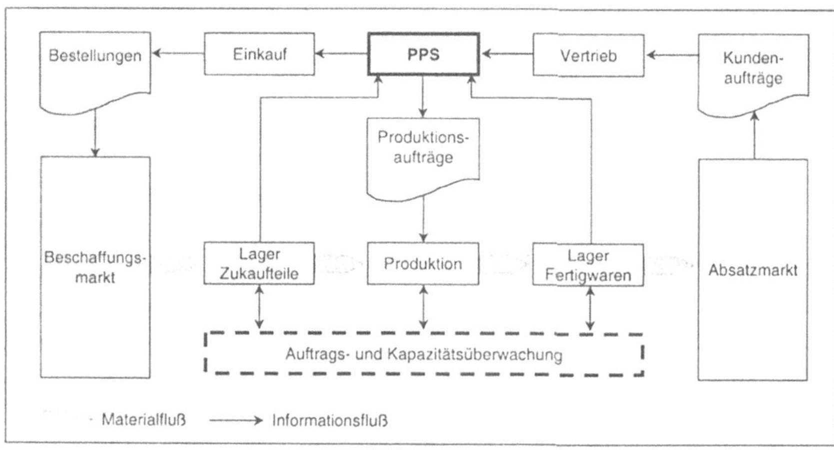

Abbildung 2-3   *Eingliederung der PPS in den Material- und Informationsfluß[6]*

---

[6] Vgl. WIE-96

Hauptaufgabe der Produktionsplanung und -steuerung ist, in regelmäßigen Abständen, das laufende Produktionsprogramm nach Art und Menge vom aktuellen Planungszeitpunkt ausgehend, im voraus für mehrere Planungsperioden zu planen und zu realisieren. Dabei sind die gegebenen oder bereitzustellenden Kapazitäten zu berücksichtigen /WIE-96, S. 14-1/. Maßberg beschreibt diese Aufgabe folgendermaßen: Die Produktionsplanung und -steuerung hat „im zentralen Planungsbereich dafür zu sorgen, daß Fertigungskapazitäten, Betriebsmittel, Material und Arbeitsinformation zum richtigen Zeitpunkt am richtigen Ort und in richtiger Menge bereitgestellt werden" /MAS-90, S. 278/.

Die Hauptfunktionen der Produktionsplanung und -steuerung sind in die Teilgebiete der Planung und der Steuerung sowie abhängig vom Zeithorizont zu strukturieren /HAC-89, S. 5/, /ZÜL-90, S. 153/, /MER-95/.

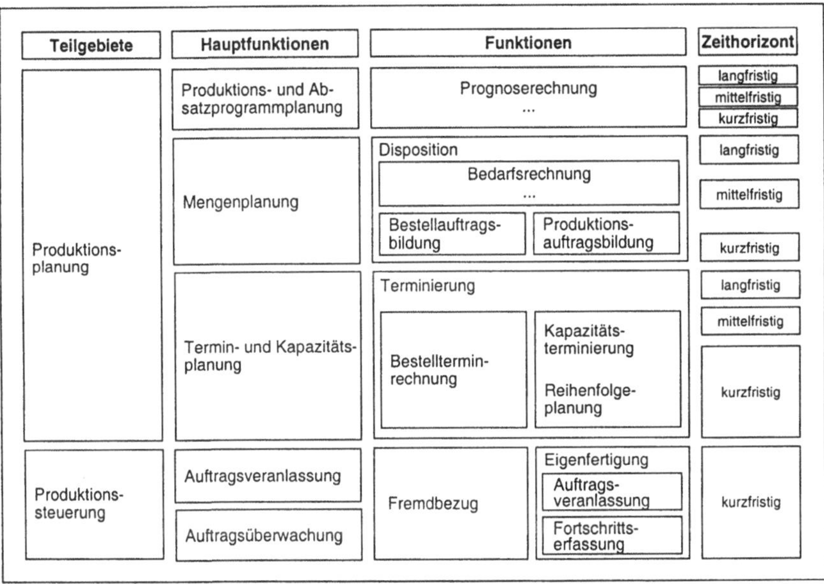

Abbildung 2-4   Struktur der Produktionsplanung und -steuerung nach Funktionsgruppen[7]

Die Produktionsplanung geht von der Produktionsprogrammplanung aus, in der über die künftige Produktion zeitliche und mengenmäßige Angaben im Produktionsprogramm festgelegt werden /JAC-96/. Ausgangspunkt hierfür sind die über den Vertrieb eingehenden Kundenaufträge, die um weitere Bedarfe ergänzt werden, welche anhand der Markteinschätzung über Prognoserechnungen ermittelbar sind. Ergänzt um Aufträge für Ersatzteile, Versuche und Prototypen ergibt sich somit das Produktionsprogramm in Form von Primärbedarfen /WIE-96, S. 14-5, DEL-96, S. 1250/.

---

[7] Vgl. HAC-89

Die Mengenplanung sichert die planerische Bereitstellung der zur Erzeugnisherstellung erforderlichen Roh- und Werkstoffe, Halbzeuge, Hilfs- und Betriebsstoffe, Teile und Baugruppen nach Art, Menge und Termin. Teilfunktionen sind die deterministische und stochastische Bedarfsrechnung, die Beschaffungsrechnung und die Abwicklung des Fremdbezugs von der Lieferantenauswahl bis zur Bestellauftragsbildung. Durch die eigene Produktion und nicht über Lagerbestände abgedeckte Bedarfe werden in Form von Produktionsaufträgen dargestellt.

Die Produktionsprogrammplanung und der Mengenplanung sind für die weiteren Ausführungen dieser Arbeit von untergeordneter Bedeutung und werden deshalb nicht weiter ausgeführt. Der interessierte Leser sei auf die einschlägige Literatur /WIT-96, ESC-96, KOP-96, JAC-96 / verwiesen.

Die Termin- und Kapazitätsplanung bestimmt den zeitlichen Ablauf der Produktionsaufträge und die Kapazitätsauslastung. Ihre Ergebnisse sind terminierte Aufträge, Kapazitätsbedarfslisten und Arbeitsverteilvorschläge /HAC-89/.

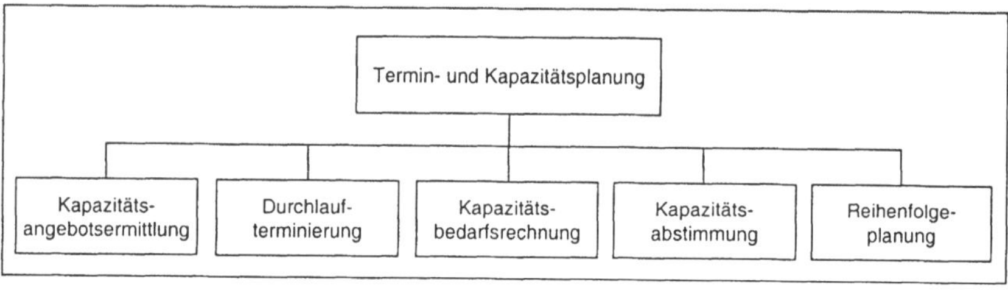

Abbildung 2-5   Funktionen der Termin- und Kapazitätsplanung[8]

Die Kapazitätsangebotsermittlung ermittelt für alle relevanten Fertigungsressourcen[9] das aktuelle Kapazitätsangebot[10] je Planungsperiode und stellt das Ergebnis den Folgefunktionen der Termin- und Kapazitätsplanung zur Verfügung.

Aufgabe der Durchlaufterminierung ist es, für jeden Arbeitsvorgang eines aktuellen Produktionsauftrags die Beginn- und Endtermine[11] und damit auch den Zeitraum des Kapazitätsbedarfs zu ermitteln.

---

[8] Vgl. HAC-89

[9] Unter Ressourcen werden im allgemeinen sämtliche, am Leistungserstellungsprozeß beteiligten Objekte, wie z. B. Maschine, Personal, Werkzeug, Vorrichtungen etc. verstanden /CIM-92/. Im Rahmen der vorliegenden Arbeit wird o. B. d. A. lediglich die Arbeitsplatzkapazität als Ressource verwendet.

[10] Unter Kapazität ist in diesem Sinne das Leistungspotential einer Fertigungsressource zu verstehen, das in einer Periode bereitsteht. Im Rahmen dieser Arbeit wird die Zeit als Maßeinheit für die zur Verfügung stehende Kapazität verwendet /REE-96, S. 862/.

[11] Beginn- und Endtermine ergeben sich dadurch, daß im Rahmen der Durchlaufterminierung meist sowohl eine Vorwärts- als auch eine Rückwärtsterminierung durchgeführt wird. Aus dem jeweils gewonnenen Anfangsterminen, dem frühesten und dem spätesten Starttermin, ergibt sich eine Pufferzeit, die den nachfolgenden Funktionen der PPS nutzbar gemacht wird.

Sie wird entweder nach dem Verfahren der Vorwärts-, Rückwärts- oder Mittelpunktsterminierung[12] und ohne Berücksichtigung der Kapazitätsgrenzen durchgeführt. Die Durchlaufterminierung erfolgt anhand der in den Arbeitsplänen[13] der Produktionsaufträge angegebenen Bearbeitungszeiten an den jeweiligen Kapazitätseinheiten und der Übergangszeiten zwischen den Kapazitätseinheiten.

Die Kapazitätsbedarfsrechnung summiert die einzelnen Kapazitätsbedarfe der terminierten Arbeitsvorgänge für die Kapazitätseinheiten oder Kapazitätsgruppen je Planungsperiode auf und stellt sie dem jeweiligen Kapazitätsangebot der Planungsperiode gegenüber.

Aufgabe der Kapazitätsabstimmung ist es, eine gleichmäßige Auslastung der Kapazitätseinheiten zu erreichen, ohne daß der Endtermin des Produktionsauftrags gefährdet ist[14]. Durchlaufterminierung, Kapazitätsbedarfsrechnung und Kapazitätsabstimmung werden zusammengefaßt auch als Kapazitätsterminierung bezeichnet

Bei der Reihenfolgeplanung wird nach ausgewählten Kriterien die Reihenfolge der zur Bearbeitung an einer Kapazitätseinheit anstehenden Produktionsaufträge festgelegt. Die Reihenfolgeplanung ist dabei zu strukturieren in die Teilfunktionen /HAC-89/:

- Auswahl des kurzfristigen Bestandes an einzuplanenden Produktionsaufträgen,

- Einlasten der Arbeitsvorgänge und

- Kapazitätsabgleich.

Im Rahmen dieser Arbeit wird, wie Abbildung 2-6 zeigt, die Reihenfolgeplanung lediglich bzgl. der Teilfunktionen der Auswahl des kurzfristigen Produktionsauftragsbestandes und der Einlastung der Arbeitsvorgänge betrachtet. Diese beiden Teilfunktionen bestimmen die Einplanung der Aufträge und werden künftig zusammengefaßt als Auftragseinplanung bezeichnet. Die Teilfunktion des Kapazitäts-

---

[12] Bei der Vorwärtsterminierung wird ausgehend vom frühestmöglichen Beginntermin des Produktionsauftrags der früheste Fertigstellungstermin des Produktionsauftrags ermittelt. Dabei werden alle Arbeitsvorgänge entsprechend der im Arbeitsplan definierten Abfolge zum frühest möglichen Zeitpunkt eingelastet. Die Rückwärtsterminierung geht von einem festen Endtermin des Produktionsauftrags aus und ermittelt in retrograder Richtung für alle Arbeitsvorgänge und den gesamten Produktionsauftrag den spätest möglichen Beginntermin, der nötig ist, um den Auftrag termingerecht fertigzustellen. Bei der Mittelpunktterminierung wird von einem Mittelpunkt ausgegangen. Von diesem Zeitpunkt aus wird in die Vergangenheit eine Rückwärtsterminierung und in die Zukunft eine Vorwärtsterminierung vorgenommen. Die Mittelpunktsterminierung wird vor allem beim Vorliegen von Engpaßkapazitätseinheiten eingesetzt, da für die Arbeitsvorgänge an der Engpaßkapazitätseinheit ein fixer Termin eingeplant werden kann /REE-96, S. 862 - 873/.

[13] Definition Arbeitsplan /nach ZIE-96/: „Ein Arbeitsplan enthält alle Arbeitsvorgänge, die zur Herstellung eines Teiles, einer Baugruppe oder eines Produktes erforderlich sind, in ihrer logischen und wirtschaftlichen Reihenfolge. Zu seiner Herstellung sind das verwendete Material, die Arbeitsvorgangsfolge und für jeden Arbeitsvorgang zumindest der Arbeitsplatz, die Fertigungsmittel und die Vorgabezeit zu planen.“

[14] Ist die Einhaltung des Endtermins des Produktionsauftrags nicht sichergestellt, können Maßnahmen zur Reduzierung der Durchlaufzeit ergriffen werden. Zu nennen sind hierzu die Reduzierung der Übergangszeiten, die Überlappung von Arbeitsgängen, die Splittung auf mehrere Maschinen. Desweiteren können Maßnahmen zum Kapazitätsausgleich ergriffen werden, wie Kapazitätserweiterungen, zeitliche oder räumliche Verlagerung /siehe z. B. WIE-96, HAC-89/.

abgleichs wird nicht betrachtet, da im vorhergehenden Schritt der Kapazitätsterminierung bereits ein Kapazitätsabgleich durchgeführt wurde und die erreichbaren zusätzlichen Verbesserungen des Planungsergebnisses zu vernachlässigen sind.

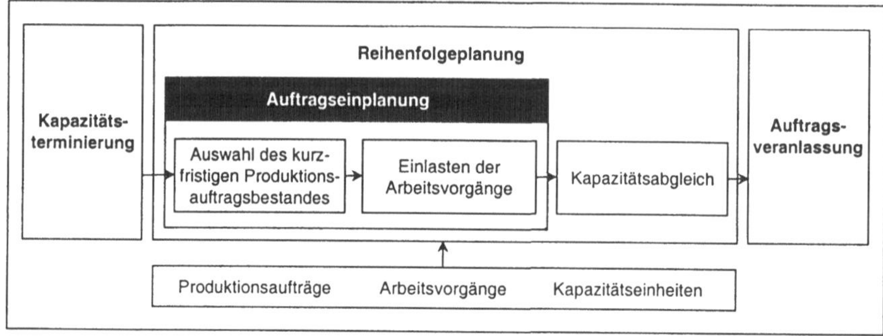

Abbildung 2-6   Auftragseinplanung und Reihenfolgeplanung mit verwendeten Merkmalen[15]

Die anschließende Auftragsveranlassung übernimmt von der Reihenfolgeplanung die terminlich eingeplanten Produktionsaufträge als Produktionsplan und sorgt für die kurzfristige Durchsetzung des Produktionsplans. Hierzu werden die Aufträge freigegeben, die Arbeitsbelege erstellt, die Verfügbarkeit der zur Ausführung benötigten Produktionsmittel, Materialien und Auftragsunterlagen geprüft sowie Anweisungen zur Arbeitsverteilung erteilt /HAC-89/.

Im Umfeld der Produktionsplanung und -steuerung und des Wertschöpfungsprozesses nimmt die Auftragseinplanung eine Bindegliedstellung zwischen dem Planungsprozess und der betrieblichen Leistungserstellung ein.

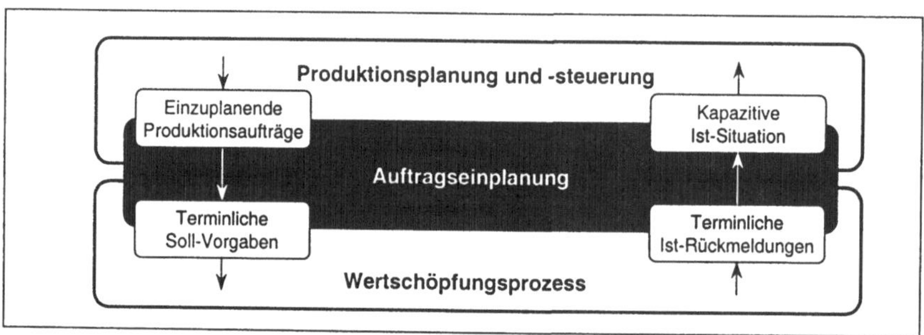

Abbildung 2-7   Einbindung der Auftragseinplanung

Zur Funktionserfüllung der Auftragseinplanung ist eine enge Verknüpfung und Rückkoppelung aus dem Wertschöpfungsprozess notwendig, um die Planungsbasis innerhalb der Auftragseinplanung und

---

[15] Vgl. HAC-89

den übergeordneten Planungsfunktionen möglichst genau zu halten. Aufgrund dieser Stellung wird die Auftragseinplanung auch häufig der Werkstattsteuerung bzw. der Fertigungssteuerung zugeordnet /WAR-84/.

Aufgabe der Auftragseinplanung ist es dabei, als integrierendes Element zwischen der PPS und der Wertschöpfung /SCH-95/ im Planungsablauf, die grob abgeglichenen Produktionsaufträge den zur Verfügung stehenden Kapazitätseinheiten terminlich zuzuordnen /HAU-96/. Die für eine Planungsperiode an einer Kapazitätseinheit vorgesehenen Arbeitsvorgänge bilden dabei eine Warteschlange. Die Reihenfolge der Abarbeitung der Warteschlange ist im vorhinein nicht festgelegt, sondern wird durch die Auftragseinplanung festgelegt. Ergebnis der Auftragseinplanung ist der Produktionsplan, in dem für alle Produktionsaufträge und deren Arbeitsvorgänge für die Planungsperiode festgelegt ist, zu welchem Zeitpunkt die Arbeitsvorgänge an den Kapazitätseinheiten ausgeführt werden.

Für die Auftragseinplanung, wie sie in der Literatur weitestgehend eingegrenzt wird, gelten die folgenden Prämissen (nach /PES-94, HAU-96, TRO-96, REE-96/), auf die auch das im Rahmen dieser Arbeit entwickelte Verfahren aufbaut:

- Einzuplanende Produktionsaufträge stehen zu Beginn des Planungszeitraumes fest.

- Jedem Produktionsauftrag ist ein geplanter Fertigstellungstermin zugeordnet.

- Die Bearbeitungsfolge der Arbeitsvorgänge eines Produktionsauftrags und die für jeden Arbeitsvorgang benötigte Kapazitätseinheit sind (im Arbeitsplan) vorgegeben.

- Jeder Arbeitsvorgang kann zur gleichen Zeit nur an einer Kapazitätseinheit bearbeitet werden.

- Eine Kapazitätseinheit kann gleichzeitig nur ein Arbeitsvorgang bearbeiten.

- Während der Bearbeitung eines Arbeitsvorgangs auf einer Maschine besteht keine Unterbrechungsmöglichkeit.

- Die Bearbeitungs-, Transport- und Rüstzeiten eines Arbeitsvorgangs sind reihenfolgeunabhängig und werden zu einer Größe zusammengefaßt.

Die Auftragseinplanung wird auf zwei unterschiedliche Problemstellungen hin angewandt. Ist die Abfolge der Arbeitsvorgänge für alle Produktionsaufträge gleich, spricht man vom Fall der Reihenfertigung (engl.: flow shop). Unterscheidet sich die Abfolge der Arbeitsvorgänge für die Produktionsaufträge, handelt es sich um den Fall der Werkstattfertigung (engl.: job shop). Im Rahmen dieser Arbeit wird von der Aufgabenstellung einer Werkstattfertigung ausgegangen.

Mit Hilfe der Auftragseinplanung wird versucht, eine „optimale" Reihenfolge der Arbeitsvorgänge an den Kapazitätseinheiten zu finden. Dabei ist zu beachten, daß es eine „optimale" Reihenfolge nicht geben kann, denn hierbei gilt, wie für die Gesamtfunktionalität der Produktionsplanung und -steuerung, daß aufgrund der begrenzten Ressourcen des Unternehmens ein ständiger Wettbewerb der Aufträge um die Kapazitäten herrscht. Daraus resultiert ein Zielkonflikt der Markt- und Betriebsziele, der sich aus den unterschiedlichen Interessen der Kunden und des Unternehmens ergibt.

Durch den Kunden vertretene Marktziele, drücken aus, daß die Aufträge in möglichst kurzer Zeit ausgeliefert, und somit auch durch das Unternehmen geschleust, werden sollen. Das bestellte Erzeugnis soll dem Kunden möglichst schnell zur Verfügung stehen. Desweiteren sind die zugesagten Liefertermine dem Kunden gegenüber möglichst genau einzuhalten.

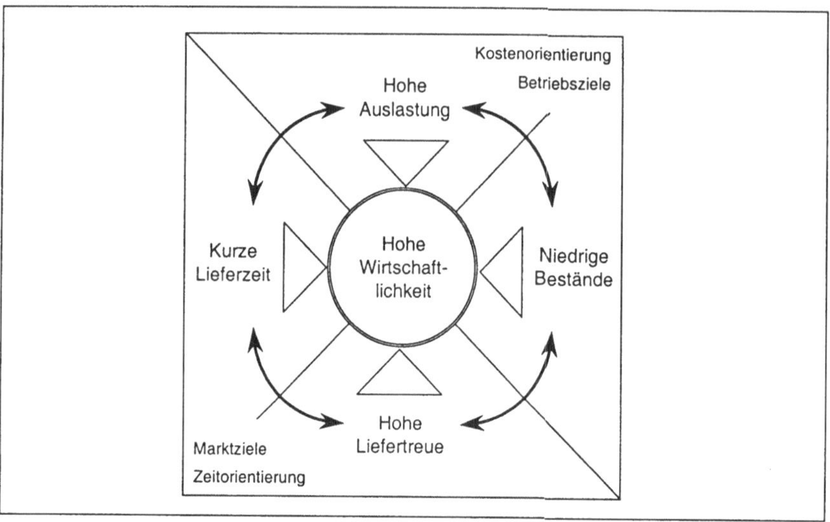

Abbildung 2-8   Zielsystem der Produktionsplanung und -steuerung und der Auftragseinplanung[16]

Die Betriebsziele die durch das Unternehmen vertreten werden, drücken den Wunsch nach einer möglichst hohen Auslastung der Kapazitätseinheiten aus, um die Stückkosten der Erzeugnisse möglichst gering zu halten. Desweiteren sollen die Kapitalkosten für das Umlaufvermögen, verursacht durch Bestände an Rohmaterial, Halbfabrikaten und Erzeugnissen, vermieden werden.

Dieser Konflikt zwischen Markt- und Kostenzielen drückt für das Unternehmen die zentrale Fragestellung aus, ob es sich eher kostenorientiert oder zeitorientiert ausrichten will.

Die Funktion der Auftragseinplanung steht mitten in diesem Zielkonflikt, beeinflußt sie doch durch die zeitliche Ordnung der Produktionsaufträge an den Kapazitätseinheiten sowohl Marktziele als auch Betriebsziele. Die marktorientierten Ziele sind meist auftragsbezogen, die betriebsorientierten Ziele meist ressourcenbezogen.

Folgende Ziele gelten als die klassischen Ziele der Fertigungssteuerung /WIE-96, ZÄP-96, TRO-96/:

---

[16] Vgl. WIE-96, S. 14-2

- Minimierung der Durchlaufzeit der Produktionsaufträge,

- Maximierung der termingetreuen Auslieferung der Produktionsaufträge,

- Maximierung der Kapazitätsauslastung der Kapazitätseinheiten und

- Minimierung der Höhe der Bestände an Produktionsaufträgen (mit eingesetztem Rohmaterial und Fertigungslohnkosten).

Wie Abbildung 2-9 zeigt, sind in der wissenschaftlichen Literatur und der betrieblichen Praxis noch zahlreiche weitere Ziele der Fertigungssteuerung zu finden, die jedoch allesamt in mittel- oder unmittelbarer Beziehung zu den klassischen Fertigungssteuerungszielen stehen.

Auftragsorientierte Ziele	Ressourcenorientierte Ziele
• Minimierung der Durchlaufzeitsumme aller Aufträge • Minimierung der durchschnittlichen Durchlaufzeit • Minimierung der Summe der Fertigstellungstermine aller Aufträge • Minimierung des durchschnittlichen Fertigstellungstermins • Minimierung der Summe aller ablaufbedingten Auftragswartezeiten (vor der nächsten Bearbeitungsstelle) • Minimierung der durchschnittlichen ablaufbedingten Auftragswartezeit • Minimierung der Summe aller Terminabweichungen (Verspätungen und Verfrühungen) der Aufträge • Minimierung der durchschnittlichen Terminabweichungen • Auftragssicherheit (gegen Störungen des Fertigungsprozesses durch verbleibende Pufferzeiten)	• Minimierung der Zykluszeit der Aufträge, d. h. der Gesamtzeit für den Durchlauf aller Aufträge (makespan) • Minimierung der Gesamtbelegungszeit der Fertigungsressourcen • Minimierung der Summe zyklusbezogener Leerzeiten aller Fertigungsressourcen • Minimierung der Summe beliebig stellengewichteter zyklusbezogener Leerzeiten aller Fertigungsressourcen • Maximierung des Kapazitätsauslastungsgrades als Verhältnis der Bearbeitungszeitensumme zur Gesamtbelegungszeit • Maximierung der durchschnittlichen Anzahl von in Bearbeitung befindlichen Aufträgen • Produktionsflexibilität (durch freie Kapazität) • Minimierung der Schwankung der Kapazitätsauslastung

Abbildung 2-9   Beispiele von Zielen der Fertigungssteuerung

Die weiteren Ausarbeitung des zu entwickelnden Verfahrens beschränkt sich auf die klassischen Ziele der Fertigungssteuerung.

Zur Erläuterung des Zielkonflikts der Auftragseinplanung bezüglich der genannten Ziele der Fertigungssteuerung werden beispielhaft einige gegenläufige Tendenzen aufgezeigt:

- Eine termingerechte Bearbeitung der Produktionsaufträge bei minimalen Wartezeiten ist nur bei vorsorglich großen Fertigungskapazitäten erreichbar, was eher eine schlechte Nutzung der Fertigungskapazitäten bedeutet.

- Die hohe Auslastung von Fertigungskapazitäten zieht Wartezeiten der Arbeitsvorgänge und somit lange Durchlaufzeiten und Terminverzüge der Produktionsaufträge nach sich.

- Der Abbau von Belastungsspitzen und -tälern durch Kapazitätsausgleichsmaßnahmen führt häufig zu einem größeren Auftragsbestand in der Fertigung und dadurch zu einer erhöhten Kapitalbindung.

2.1.2   Die Auftragseinplanung bei auftragsbezogener Einzel- und Kleinserienfertigung

In Unternehmen zu lösenden Problemstellungen der Produktionsplanung und -steuerung sind grundlegend abhängig von der Produktionstypologie[17] des betrachteten Unternehmens. Aus der Vielzahl von Unterscheidungsmerkmalen /GRO-74/ ist bezogen auf die Produktionsplanung und -steuerung das Merkmal der Quantitätswiederholungstypen relevant. Es unterscheidet anhand der Wiederholhäufigkeit, also der Anzahl ununterbrochen sukzessiv gefertigten Enderzeugnisse, Baugruppen oder Bauteile in einem Unternehmen in die Elementartypen der Einzelfertigung, der Serienfertigung und der Massenfertigung. Die Einzelfertigung ist zu unterteilen in die einmalige und die mehrmalige Einzelfertigung. Die Serienfertigung läßt sich strukturieren nach Klein-, Großserien- und Massenfertigung.

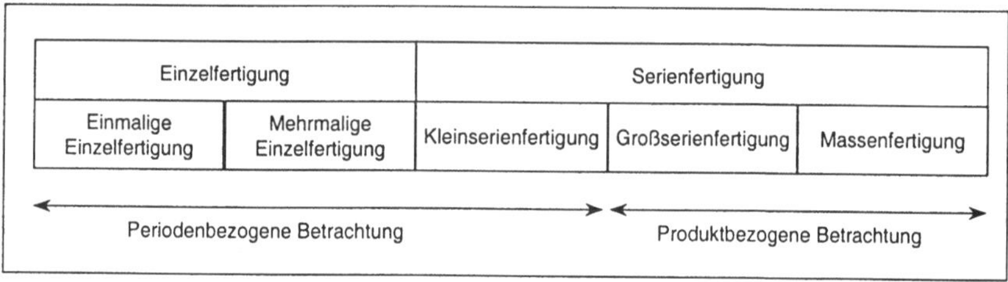

Abbildung 2-10   *Betrachtungsweise der Produktionsplanung und -steuerung bei unterschiedlichen Produktionstypen*

Bezogen auf die Produktionsplanung und -steuerung herrscht bei einer Massen- und Großserienproduktion eher eine produktbezogene Planung gegenüber einer periodenbezogenen Planung vor, während bei einer Einzel- und Kleinserienfertigung eher eine periodenbezogene Betrachtung dominiert /TRO-96/.

Bei der Großserien- und Massenfertigung werden die Erzeugnisse weitgehend auf Vorrat produziert. Die konkreten Kundenbedarfe werden aus dem Erzeugnislager befriedigt[18]. Kennzeichnend für die Produktion sind dabei konstruktiv gleiche oder gleichartige Produkte, die durch die hohe Stückzahl und die häufige Prozesswiederholung eine Spezialisierung der Unternehmen ermöglichen. Vorherrschende Fragestellungen im Rahmen der Produktionsplanung und -steuerung sind die Ermittlung der

---

[17] Produktionstypologien beschreiben auf strukturierte Art die kennzeichnenden Merkmale eines Unternehmens. Es ist dabei zu unterscheiden in Input-, Throughput- und Outputmerkmale die zu entsprechenden Elementartypen der Produktion führen, die dann nach bestimmten Gesichtspunkten zu Kombinationstypen zusammengefaßt werden. Zur vertiefenden Literatur siehe hierzu: /GRO-74, KRY-96/. An dieser Stelle angesprochen sind outputbezogene Produktionstypen, auch programmbezogene Produktionstypen genannt, die die Ausbringungsart eines Unternehmens betrachten.

[18] Bei der Marktproduktion wird das Produktionsprogramm in bezug auf seine qualitative und quantitative Zusammensetzung sowie seiner zeitlichen Verteilung autonom durch das Unternehmen festgelegt, auf Basis der Absatzerwartungen (engl.: closed shop type) /KRY-96 Sp. 1625/. Die Produktion erfolgt kundenauftragsanonym, sozusagen „auf Verdacht" /RIE-65 Sp. 663-685/.

optimalen Losgröße und die Steuerung der Lagerbestände für fremdbezogene Bauteile und für die Enderzeugnisse. Problematik der Auftragseinplanung tritt dabei in den Hintergrund.

Einzel- und Kleinserienfertiger produzieren weitgehend kundenauftragsbezogen[19]. Die Erzeugnisstruktur ist in der Regel gemischt und setzt sich aus Einzelanfertigungen, Standardprodukten und kundenspezifischen Varianten zusammen. Charakteristische Merkmale sind die größeren, unregelmäßigen Abstände der Produktionszyklen und die geringen Auftragslosgrößen bis zur Stückzahl eins /WAR-84/. Die geringe bis mittlere Wiederholrate der Produktionsaufträge und der starke Kundenauftragsbezug erfordern in den meisten Fällen einen vorgeschalteten Konstruktions- und Arbeitsvorbereitungsprozess mit Festlegung der Arbeitsvorgangsfolge sowie der geplanten Bearbeitungszeiten pro Arbeitsvorgang[20]. Ein hoher Mechanisierungs- und Automatisierungsgrad der Fertigungsanlagen ist bei der geringen Wiederholrate meist nicht wirtschaftlich. Es dominieren Standardbearbeitungsverfahren und universell einsetzbare Bearbeitungsmaschinen /BRÖ-91, HAM-91/.

Der Betrachtungsbereich der vorliegenden Arbeit beschränkt sich auf Einzel- und Kleinserienfertiger, da sich das zu entwickelnde Verfahren auf die periodenbezogene Betrachtung der Planung der Produktion bezieht. Zudem läßt die schwankende Wiederholrate und Zusammensetzung der Produktionsaufträge eine Planung aufgrund von Erfahrungswissen nicht zu. Auch treten bei diesem Fertigungstyp die Ziele der Fertigungssteuerung stark in den Vordergrund. Sowohl die Zielsetzung der Kapazitätsauslastung durch eine rüstoptimierte Auftragsreihenfolge, als auch die zeitbezogenen Ziele wie die Durchlaufzeiten und die Termintreue sind unmittelbares Ergebnis der Auftragseinplanung und bei der kundenauftragsorientierten Produktion für das Unternehmen von entscheidender Bedeutung.

2.2 Organisationsstruktur der Produktion

2.2.1 Dezentrale, teilautonome Leistungseinheiten

Standen bei Unternehmen zur Verbesserung der betrieblichen Leistungsfähigkeit über lange Jahre hinweg Gestaltungsmaßnahmen aus den Bereichen Fertigungstechnologien, Automatisierungstechnik und Informatik im Vordergrund, so hat sich dies inzwischen erweitert um Maßnahmen, die sowohl die Organisation des Unternehmens als auch dessen Mitarbeiter in den Mittelpunkt der Betrachtung stellen

---

[19] Bei der Kundenproduktion, auch bezeichnet als Auftragsproduktion oder Bestellproduktion ist das Produktionsprogramm durch die eingehenden oder bereits bestehenden Kundenaufträge bestimmt (engl.: open shop type) /KRY-96 Sp. 1625/.

[20] Die Ermittlung der geplanten Bearbeitungszeiten umfaßt mehrere Zeitanteile. Über die Ermittlung von Grundzeiten für die Erledigung der eigentlichen Arbeitsaufgabe werden auch sogenannte Verteilzeiten wie ablaufbedingte Wartezeiten, Zeiten für Nebentätigkeiten und Erholungszeiten bestimmt. Eine detaillierte Darstellung zur Ermittlung von Vorgabezeiten gibt REFA /REF-85/.

/SCH-96b/. Dabei erfolgt eine Abkehr von tayloristischen Arbeitsprinzipien[21] hin zu einer Betrachtung eines Unternehmens als soziotechnisches System[22], in dem die zugrundeliegende Technologie und desweiteren auch Organisation und Mitarbeiter des Unternehmens in einer ganzheitlichen Weise aufeinander abgestimmt und auf eine höhere Leistungsfähigkeit hin gestaltet werden können /WAR-93/.

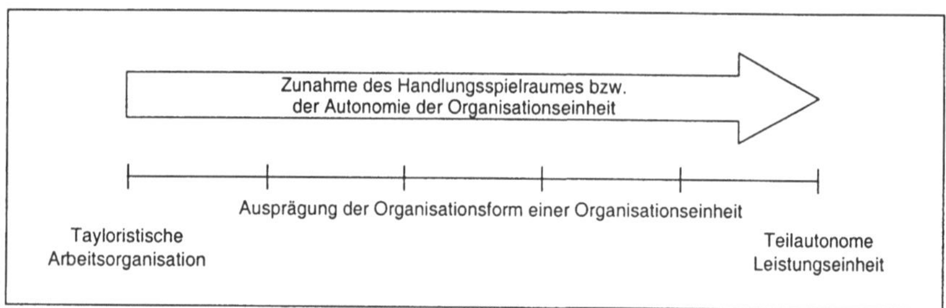

Abbildung 2-11   Organisationsform und Autonomie einer Organisationseinheit[23]

Teilautonome Leistungseinheiten[24] sind in modernen Organisationskonzepten feste Strukturelemente /WAR-93, KIR-95, BIS-95, WES-96/. Ihnen wird im Vergleich zu einer tayloristischen Organisationseinheit ein wesentlich erweiterter Handlungsspielraum zugestanden. Der Handlungsspielraum kann als die „´Summe der Freiheitsgrade´, d. h. der Möglichkeiten zum unterschiedlichen aufgabenbezogenen Handeln, in bezug auf Verfahrenswahl, Mitteleinsatz und zeitlicher Organisation von Aufgabenbestandteilen /ULI-94, S. 143/" verstanden werden.

Teilautonome Leistungseinheiten bauen auf den Prinzipien der Gruppentechnologie auf /MIT-80/. Hintergrund der Gruppentechnologie ist, die Aufgaben der Gruppe möglichst sinnvoll zu strukturieren, damit die Gruppe als Einheit betrachtet werden kann, die eine gewisse Eigenständigkeit hat und so auch als dezentrale Einheit agieren kann. Die Gruppentechnologie unterscheidet dazu 3 Phasen zur Bildung teilautonomer Leistungseinheiten.

---

[21] F. W. Taylor begründete 1919 mit der Veröffentlichung seines Werkes „Wissenschaftliche Betriebsführung" den Taylorismus. Taylor erkannte dabei, daß eine hohe Produktivität durch Gute Ausbildung der Arbeitskräfte und eine Trennung von geistiger (planender, steuernder) und körperlicher (ausführender) Arbeit erreicht werden kann /TAY-83/. Dies führte in der Entwicklung der Industrieunternehmen dazu, die Arbeitsinhalte sehr stark aufzuteilen und die Unternehmensorganisation extrem arbeitsteilig zu strukturieren.

[22] Soziotechnische Systeme integrieren die Betrachtung von Mensch und Maschine. Rein soziale Systeme stellen den Menschen in den Mittelpunkt der Betrachtung, rein technische Systeme die Arbeits-, Betriebsmittel und die weiteren Fertigungstechnologien.

[23] Vgl. GRO-97

[24] Der Begriff der teilautonomen Leistungseinheit wird in der Literatur von verschiedenen Autoren durch eigene Begrifflichkeiten ausgedrückt. Die Bandbreite reicht dabei von Fertigungsgruppen /GRO-97/, Fertigungsinseln /KAL-96/, Fertigungssegment /WIL-94/ über teilautonome Arbeitsgruppen /GRO-95/ bis zu Fraktalen /WAR-93/. Im Rahmen der vorliegenden Arbeit werden diese Begriffe unter dem Begriff der teilautonomen Leistungseinheit zusammengefaßt. Für die Zielsetzung dieser Arbeit ist eine Abgrenzung der verschiedenen Begriffe von untergeordneter Bedeutung, da allen Begriffen gemeinsam, die Gewährung erweiterter Handlungsspielräume für die teilautonome Leistungseinheit im Rahmen der Fertigungssteuerung ist.

In der ersten Phase werden die im Produktionsprogramm des Unternehmens enthaltene Gesamtheit der Teile und Erzeugnisse mit Hilfe bestimmter Ähnlichkeitskriterien, wie Form- und Fertigungsähnlichkeit[25] in Gruppen zerlegt.

Ziel der zweiten Phase ist, durch die räumliche Zusammenfassung der Betriebsmittel zu erreichen, daß die Teile- oder Fertigungsfamilien möglichst vollständig, nach dem Prinzip der Komplettbearbeitung in der Gruppe bearbeitet werden können. Durch diese Analyse und die Gestaltung des Materialflusses werden die Transportwege verkürzt und die logistische Abwicklung der Produktion vereinfacht.

Gegenstand der dritten Phase ist die arbeitsorganisatorische Anpassung und Ausgestaltung der Gruppe. Die originäre Arbeitsaufgabe der Gruppe wird dabei um indirekte Funktionen erweitert und bereichert.

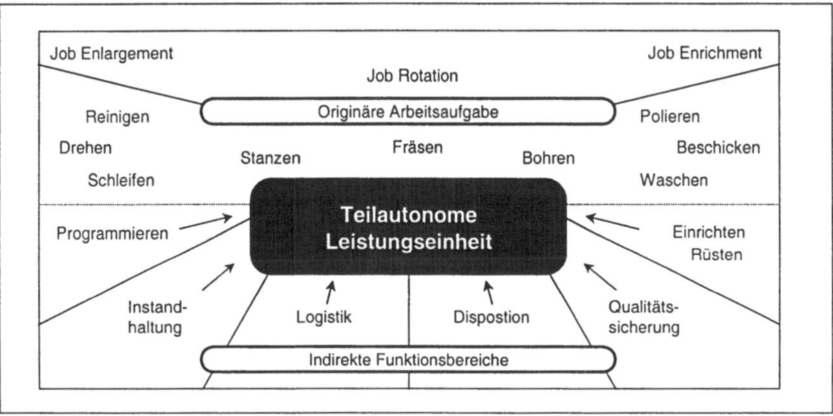

Abbildung 2-12   Teilautonome Leistungseinheit[26]

Neben den an der Arbeitsaufgabe orientierten Funktionen des Programmierens, Einrichtens und Rüstens, kommen anlagen- und produktbezogene Funktionen wie Instandhaltung und Qualitätssicherung zum Aufgabenspektrum der Gruppe hinzu. Jedoch auch planerischen Funktionen wie die Logistik und Disposition werden in die Gruppe integriert /WAR-94/, /WIL-94/, /KÄM-94/. Insbesondere durch die Integration planender und steuernder Funktionen in die Gruppe werden Entscheidungs- und Handlungsspielräume für die Gruppe eröffnet und sie kann zunehmend autonomer handeln[27].

---

[25] Anhand des Kriteriums der weitgehenden Formähnlichkeit werden Teilefamilien gebildet (Objektbezogene Gruppierung). Fertigungsfamilien werden nach dem Kriterium der weitgehenden Fertigungsähnlichkeit gebildet (Verrichtungsbezogene Gruppierung) /WAR-80/.

[26] Vgl. /KAL-96/.

[27] Vertiefende Literatur zu Gruppenorganisation befindet sich in: /MIT-80, WAR-80, BUL-92, ULI-94, GRO-95/.

Der grundsätzliche Gedanke einer teilautonomen Leistungseinheit, als einer besonders weit entwikkelten Form einer Gruppe, ist, ihr komplexe Arbeitsaufgaben eigenverantwortlich zu übertragen. Die Leistungseinheit entscheidet weitgehend autonom über die Art und Weise der Lösung dieser Aufgabenstellung /KAL-96/, weswegen teilautonome Leistungseinheiten auch als selbststeuernde bzw. selbstorganisierte Leistungseinheiten bezeichnet werden /WAR-93/. Dabei obliegen der teilautonomen Leistungseinheit alle Entscheidungen in Bezug auf Planung, Durchführung und Kontrolle, die die vorgegebene komplexe Arbeitsaufgabe betreffen, jeweils innerhalb der vorgegebenen Rahmenbedingungen /KÄM-97/, /AUP-93/.

Die bisherige Beschreibung der Entwicklungen innerhalb der Arbeitsorganisation[28] gehen einher mit Veränderungen in den Organisationsstrukturen der Gesamtunternehmung, die nach veränderten Prinzipien aufgebaut werden. Unternehmensstrukturen, die sich durch eine tiefgehende Hierarchisierung, einen hohen Grad an Arbeitsteilung und eine starke Zentralisierung auszeichnen, werden den gewachsenen Anforderungen an die Wandlungsfähigkeit des Unternehmens nicht mehr gerecht /HAR-95/.

Zur Ablösung solch starrer Strukturen, die nur langsam auf Veränderungen reagieren, werden flache Organisationsstrukturen mit weniger Hierarchiestufen und dezentralen, oft markt- oder produktorientierten Organisationseinheiten eingeführt. Sie zeichnen sich häufig durch einen direkten Marktzugang aus, um veränderten Kundenwünschen direkt und schnell begegnen zu können /WES-96a/. Dazu werden nahezu alle betrieblichen Funktionen, die für die vollständige betriebliche Leistungserstellung erforderlich sind, in der dezentralen Organisationseinheit angesiedelt und integriert. Teilautonome Leistungseinheiten umfassen damit nicht nur Aufgaben und Funktionen aus dem mittel- und unmittelbaren Umfeld der Produktion sondern durchaus auch Unternehmensfunktionen wie z. B. Vertrieb oder Entwicklung /ADA-97/.

Die höhere Handlungsfähigkeit teilautonomer Leistungseinheiten führt zu einer Abnahme des Führungsbedarfs in Form detaillierter Vorgaben und Ausführungsanweisungen durch zentrale Planungs- und Steuerungseinheiten /BIS-97/. Zentraleinheiten, die bisher diese Führung ausübten, werden somit zu Koordinationsstellen der dezentralen Organisationseinheiten.

---

[28] Unter Arbeitsorganisation soll die Gesamtheit der formalen betrieblichen Bedingungen, nach denen die Arbeitsaufgabe im Produktionsprozeß aufgeteilt wird, also die Aufgliederung der Funktionen des Arbeitsprozesses in Tätigkeiten verstanden werden.

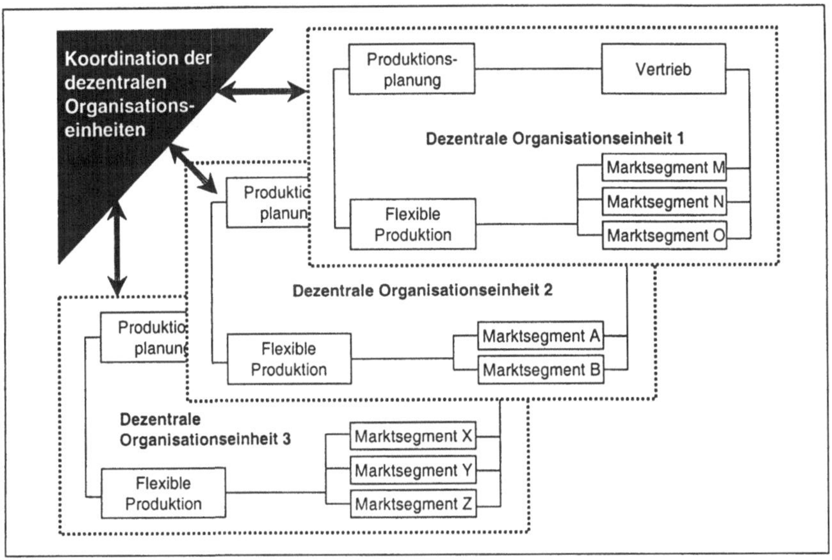

Abbildung 2-13   Dezentrale, marktorientierte Organisation[29]

2.2.2 Dezentrale Konzepte zur Produktionsplanung und -steuerung

Ebenso wie sich die Betrachtungsweisen der Unternehmensorganisation verändert haben, hat sich auch die Sichtweise der Produktionsplanung und -steuerung gewandelt. Die bisherige, traditionelle Sicht faßt die gesamte Produktionsplanung und -steuerung als ein hierarchisches System auf. Es beruht in seinem zugrundegelegten Funktionsprinzip einer deterministischen Betrachtung der technologischen und logistischen Produktionsabläufe. Basis dafür ist die Annahme, daß der Ablauf der Produktion mit einem hohen Genauigkeitsgrad vorhersagbar ist /WES-96a/[30].

Mit der Erkenntnis, daß sich die Produktion jedoch nur begrenzt deterministisch verhält und zusätzlich unterstützt durch die Dezentralisierung der Unternehmensorganisation haben sich auch die Konzepte zur Produktionsplanung und -steuerung gewandelt.

---

[29] Vgl. /WES-96a/

[30] Bei der deterministischen Betrachtung der Produktionsplanung und -steuerung werden Unsicherheiten in der Planung, die auf unvorhersehbare Schwankungen und Störungen im realen Produktionssystem, ungenauen Zustandsdaten und vereinfachten Rechenmodellen beruhen, durch Sicherheitsfaktoren, wie etwa großzügig bewertete Übergangs- und Transportzeiten, ausgeglichen.

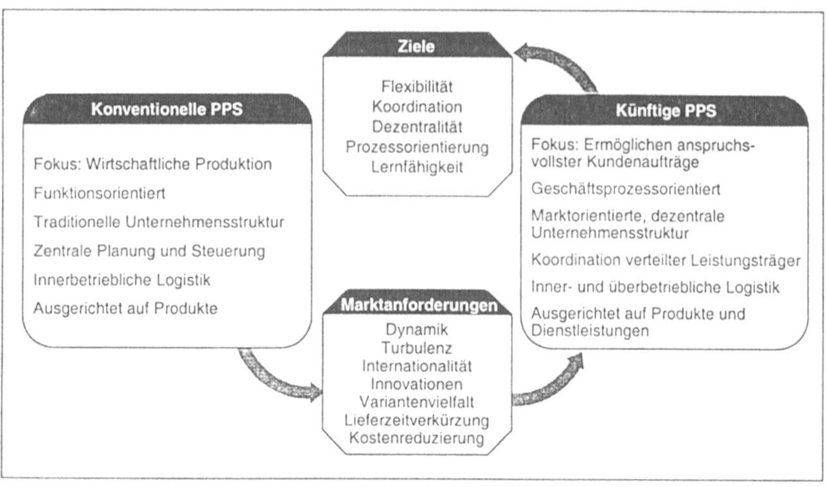

Abbildung 2-14   Wandel der Produktionsplanung und -steuerung[31]

In Konzepten zur dezentralen Produktionsplanung und -steuerung sind die Funktionen der Produktionsplanung und -steuerung dabei auf zwei unterschiedlichen Ebenen verteilt: Die übergeordnete zentrale Planungsebene stellt über einen mittelfristigen Planungshorizont die Produktionsprogramme der jeweiligen teilautonomen Leistungseinheiten des Unternehmens auf. Die zwischen den teilautonomen Leistungseinheiten bestehenden Materialflüsse werden durch Vorgabe von Eckterminen für die einzelnen Produktionsaufträge koordiniert /KAT-94/. Diese Termingrobplanung basiert auf bereits vorhandenen Kundenaufträgen und evtl. auch auf kurzfristigen Absatzprognosen. Hierbei wird eine grobe kapazitive Betrachtung, insbesondere der Engpaßressourcen, durchgeführt. Ergebnis ist das von den teilautonomen Leistungseinheiten in der Planungsperiode zu bewältigende, kapazitiv grob abgeglichene Produktionsprogramm /DRE-94/.

Auf der Ebene der dezentralen Planungsebene wird das Ergebnis der Produktionsprogrammplanung in jeder teilautonomen Leistungseinheit im Rahmen der Feinplanung spezifisch weiterbearbeitet. Insbesondere die Planungsfunktionen mit kurzfristigen Planungshorizont werden durch jede dezentrale, teilautonome Leistungseinheit ausgeführt. Hierzu gehören insbesondere die Termin- und Kapazitätsplanung. Das sehr prozessnah entstandene Planungsergebnis dient der Auftragsdurchsetzung in der teilautonomen Leistungseinheit und wird gleichzeitig an die übergeordnete Planungsebene zur Beibehaltung der Transparenz zurückgemeldet.

Dabei kann das Gesamtunternehmen durchaus eine heterogene Struktur besitzen, was bedeutet, daß es aus mehreren teilautonomen Leistungseinheiten besteht, die sich durch ein eigenständiges Organisati-

---

[31] Vgl. /WES-96a/

onsprinzip, wie z. B. Werkstattfertigung[32], Fließfertigung[33], JIT-Prinzip[34], etc., auszeichnen[35] /SCH96b/. Die Koordination der logistischen Abläufe in der Produktion zwischen den teilautonomen Leistungseinheiten erfolgt jedoch nach durchgängigen und für alle gleichen Prinzipien entweder über die übergeordnete Planungsebene /DRE-94/ oder direkt auf horizontaler Ebene zwischen den teilautonomen Leistungseinheiten /SCH-96b/.

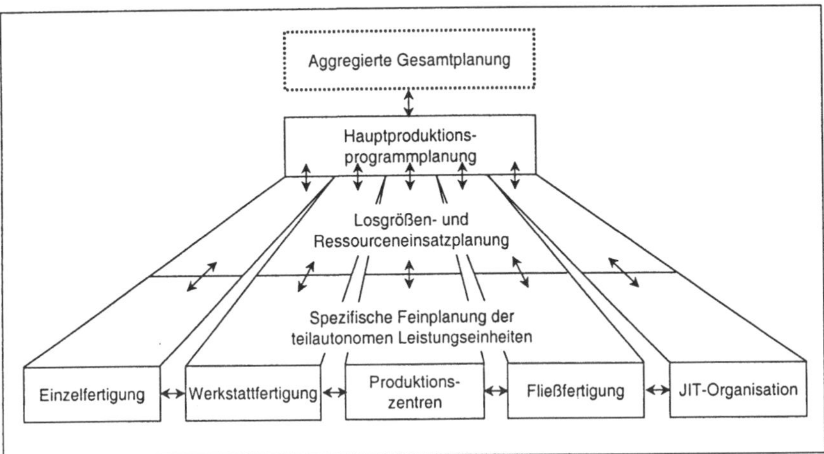

Abbildung 2-15   Aufbau und Planungsebenen der PPS bei teilautonomen Leistungseinheiten[36]

Das Konzept der teilautonomen Leistungseinheiten und damit verbunden der Dezentralisierung der Fertigungssteuerungsfunktionen findet zunehmend Verbreitung[37]. Erweitert wird dieses Organisati-

---

[32] Kennzeichnend für die Werkstattfertigung ist die verrichtungsorientierte Zusammenfassung und Anordnung der Betriebsmittel. Bei der Werkstattfertigung kommen im Extremfall alle Übergangsbeziehungen zwischen den Betriebsmitteln vor /KRY-96, GRO-74/.

[33] Kennzeichnend für die Fließfertigung ist die objektorientierte Zusammenfassung und Anordnung der Betriebsmittel nach der technisch-wirtschaftlichen Folge der Tätigkeiten für bestimmte Produkte. Bei der Fließfertigung existiert bestenfalls zwischen zwei Betriebsmitteln nur eine Übergangsbeziehung /KRY-96, GRO-74/.

[34] Just-in-time ist eine Produktionsstrategie, deren Ziel es ist, ein Produkt oder eine Dienstleistung durch geeignete Planung, Steuerung und Kontrolle aller Materialströme un deren dazugehörigen Informationsströme Just-in-Time zu erstellen, d. h. ohne Verschwendung von Zeit, Material, Arbeitskraft und Energie entsprechend den Wünschen des Kunden bezüglich Preis, Qualität und Lieferservice bereitzustellen. Maßstab für den Erfolg ist die maximale Wirtschaftlichkeit, die zum jeweiligen Zeitpunkt durch das einsatzbereite Instrumentarium erreicht werden kann /ZIB-92/.

[35] Dabei kann die teilautonome Leistungseinheit auch eine sehr zweckmäßige Verbindung von Werkstatt- und Fließfertigung darstellen. Die Produktivitätsvorteile der Fließfertigung können durch die objektorientierte Anordnung der Betriebsmittel nach einer häufigen Reihenfolge der Arbeitsvorgänge realisiert werden. Gleichzeitig wird die erhöhte Flexibilität der Werkstattfertigung erreicht, ohne jedoch die mit der Verrichtungsorientierung der Werkstattfertigung auftretenden Nachteile zu übernehmen.

[36] Vgl. /DRE-94/.

[37] Eine Untersuchung von 1500 Unternehmen des deutschen Maschinenbaus zeigt, daß nur noch bei 38 % der Unternehmen eine rein zentrale Planung durchführen. 37,3 % der Unternehmen führen die Fertigungssteuerung durch eine dezentrale Einheit, in Abstimmung mit einer zentralen Planungseinheit durch. Bei 24,7 % der Unternehmen wird die Fertigungssteuerung vollständig durch eine dezentrale Einheit ausgeführt /SFB-95/.

onskonzept sehr häufig durch die Verknüpfung von Zielen mit dem Aufgabenspektrum der teilautonomen Leistungseinheit /WAR-94/. Den Leistungseinheiten werden Ziele zur Leistungserstellung gesetzt, beispielsweise Qualitäts- oder Kosteneinsparungsziele, und gleichzeitig auch Handlungsspielräume und Entscheidungskompetenzen eingeräumt. Damit sinkt der Grad an zentraler Führung der teilautonomen Leistungseinheiten und deren Autonomiegrad steigt.

2.2.3 Auftragseinplanung in einer dezentralen, teilautonomen Leistungseinheit

Kennzeichnend für teilautonome Leistungseinheiten ist die Erweiterung des Aufgabenspektrums um indirekte Funktionsbereiche. Hierzu gehört insbesondere die kurzfristige Produktionsplanung und -steuerung, häufig auch als Fertigungssteuerung [38] bezeichnet. Sie ist bei der Arbeitsorganisationsform teilautonomer Leistungseinheiten in die Leistungseinheit integriert, entsprechend dem Prinzip, daß eine dezentrale, teilautonome Leistungseinheit vollständig und eigenverantwortlich auf Basis gewisser Rahmenvorgaben die Feinplanung und Fertigungssteuerung durchführt /KAL-96/. Abbildung 2-16 verdeutlicht dies anhand einer Übersicht verschiedener Organisationsformen teilautonomer Leistungseinheiten. Die Fertigungssteuerung ist hier jeweils als Hauptfunktion bzw. zumindest als erweiterte Hauptfunktion in die teilautonome Leistungseinheit integriert.

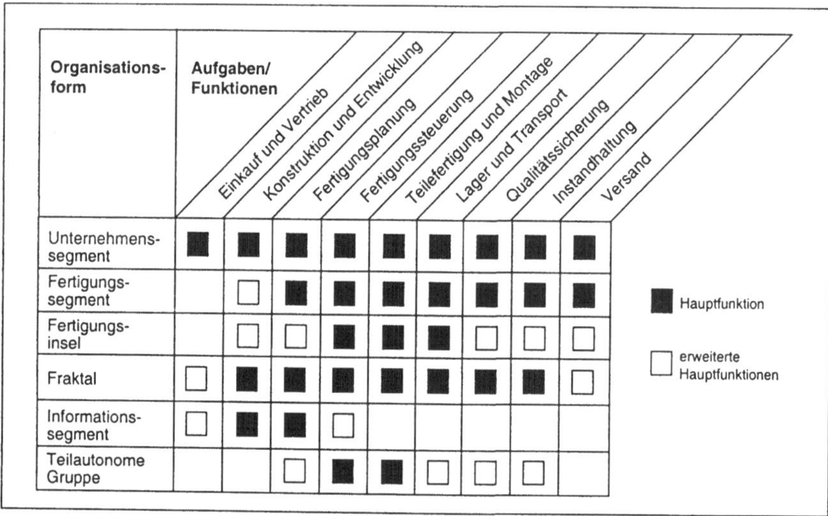

Organisationsform	Einkauf und Vertrieb	Konstruktion und Entwicklung	Fertigungsplanung	Fertigungssteuerung	Teilefertigung und Montage	Lager und Transport	Qualitätssicherung	Instandhaltung	Versand
Unternehmenssegment	■	■	■	■	■	■	■	■	■
Fertigungssegment		□	■	■	■	■	■	■	■
Fertigungsinsel		□	□	■	■	■	□	□	□
Fraktal	□	■	■	■	■	■	■	■	□
Informationssegment	□	■	■	□					
Teilautonome Gruppe			□	■	■	□	□	□	

Abbildung 2-16   Funktionale Ausprägungen dezentraler Organisationsformen[39]

---

[38] Siehe hierzu 2.1.1 Die Auftragseinplanung als Element der Produktionsplanung und -steuerung
[39] Vgl. /GRO-95, BUL-92/.

Dies erweist sich insbesondere als vorteilhaft, wenn die teilautonomen Leistungseinheiten im kurzfristigen Planungshorizont situationsbedingt und schnell auf plötzlich auftretende Störungen regieren müssen /WAR-94, ADA-97/.

Eine Integration der Fertigungssteuerung in die teilautonomen Leistungseinheiten bedeutet für die Auftragseinplanung, daß sie ebenfalls vollständig von den teilautonomen Leistungseinheiten ausgeführt wird. Im Funktionsablauf der Produktionsplanung und -steuerung und bei einem dezentralen PPS-Konzept bedeutet dies, daß die Auftragseinplanung in einer teilautonomen Leistungseinheit die Aufgabenstellung der

- terminlichen Einplanung von kapazitiv und terminlich grob abgeglichener Produktionsaufträge,

- auf die vorhandenen Ressourcen der teilautonomen Leistungseinheit,

- im Sinne einer bestmöglichen Zielerreichung der Fertigungssteuerungsziele

zu lösen hat.

Der kapazitive und terminliche Abgleich auf die Machbarkeit des Produktionsprogramms in einer Planungsperiode wird dabei von der übergeordneten Planungsebene übernommen. An die teilautonome Leistungseinheit werden die Aufträge in der notwendigen Beschreibung zur Auftragsbearbeitung übergeben mit terminlichen Rahmenvorgaben, insbesondere zu bereits zugesagten Auslieferungsterminen der Produkte an den Kunden. Der Kapazitätsabgleich findet auf einer groben Ebene statt, indem beispielsweise das Gesamtkapazitätsangebot der teilautonomen Leistungseinheit dem Gesamtkapazitätsbedarf der Produktionsaufträge gegenübergestellt wird /WAR-94/.

Die teilautonome Leistungseinheit ist damit in der Lage, das Produktionsprogramm innerhalb der technologischen und kapazitiven Möglichkeiten zu bearbeiten. Der Ressourceneinsatz, also die terminliche Zuordnung von Produktionsaufträgen und deren Arbeitsgängen, wird vollständig von der teilautonomen Leistungseinheit geplant und auch verantwortet.

Dies führt unmittelbar zur dritten Ausprägung der obigen Aufgabenstellung. Die teilautonome Leistungseinheit ist vollständig verantwortlich für die Erreichung der Ziele der Fertigungssteuerung. Sie hat hierzu bestimmte Zielvorgaben, die sie durch ihre betriebliche Leistungserstellung zu erreichen hat /WAR-94/. Durch die Übernahme der Funktion der Auftragseinplanung hat sie demnach auch die Ziele zu verantworten, die durch die Auftragseinplanung beeinflußt werden können[40].

---

[40] Siehe hierzu 2.1.1. Die Auftragseinplanung als Element der Produktionsplanung und -steuerung.

3 Anforderungen an ein Verfahren zur zielorientierten Auftragseinplanung

In Kapitel 2 konnte gezeigt werden, daß die Funktion der Auftragseinplanung von zentraler Bedeutung für die Erreichung der Ziele der Fertigungssteuerung ist. Ihre Aufgabe ist es, die Arbeitsvorgänge von definierten Aufträgen den verschiedenen Fertigungsressourcen terminlich so zuzuordnen, daß die Zielvorstellungen der beplanten teilautonomen Leistungseinheit bestmöglichst erfüllt sind /TRO-96/. Ergebnis der Auftragseinplanung sind die terminlichen, auftragsbezogenen Planungsvorgaben und gleichzeitig die Planvorgaben zur möglichen Zielerreichung für die Auftragsdurchsetzung.

Bei kundenbezogener Einzel- und Kleinserienfertigung existieren selten präzise Aussagen zum künftigen Produktionsprogramm über den kurzfristigen Zeithorizont hinaus. Dadurch besteht eine permanente Unsicherheit über zukünftige Auftragsmengen und Erzeugnisse. Ein zeitlicher Vorlauf der Planung kann somit kaum realisiert werden. Zusätzlich entsteht für die Unternehmen durch die Marktanforderungen nach immer kürzer werdende Lieferzeiten ein erheblicher Druck.

Insbesondere bei den kurzfristigen Funktionen der Produktionsplanung und -steuerung ist ein schnelles und flexibles Reagieren auf veränderte Planungssituationen, wie z. B. neu hinzukommende Produktionsaufträge, veränderte Liefertermine bereits eingeplanter Produktionsaufträge oder der Ausfall von Fertigungsressourcen, sicherzustellen. Diese Anforderungen gelten vor allem für die Auftragseinplanung als Bindeglied der Planungsebene zur Ausführungsebene /WIE-96/.

Eine Strukturierung des Unternehmens in teilautonome Leistungseinheiten und die Zuordnung von Funktionen der Produktionsplanung und -steuerung, insbesondere mit kurzfristigem Zeithorizont, in den Aufgabenumfang einer teilautonomen Leistungseinheit unterstützen eine schnelle Reaktionsfähigkeit. Zudem wird mit beiden Ansätzen angestrebt, die hohe Fachkompetenz und die Organisationsfähigkeit der Mitarbeiter einer teilautonomen Leistungseinheit für die zu lösenden Problemstellungen bei der Planung und Ausführung zu nutzen. Um dies zu gewährleisten, ist es erforderlich, die Problemstellungen transparent darzustellen, die Ziele klar zu formulieren, den Lösungsraum überschaubar zu halten und den Lösungsweg für die teilautonome Leistungseinheit beeinflußbar zu gestalten.

Dies gelingt, wenn die Rahmenbedingungen der zu lösenden Problemstellung dafür geeignet sind. Bezogen auf die Auftragseinplanung bedeutet dies, die Anzahl einzuplanender Arbeitsvorgänge und Fertigungsressourcen einer teilautonomen Leistungseinheit zu begrenzen. Beides ist durch Auslegung der Unternehmensstruktur und der Produktionsplanung und -steuerung beeinflußbar. Aufgabe der Auftragseinplanung ist es dann, überschaubar viele Arbeitsvorgänge auf überschaubar viele Fertigungsressourcen terminlich einzuplanen. Unter diesen Voraussetzungen kann ein Verfahren zur Auftragseinplanung sehr einfach gestaltet sein und muß nicht zwangsweise algorithmisch unterstützt werden[41].

Können diese Voraussetzungen durch die Strukturierung des Unternehmens und der Produktionsplanung und -steuerung jedoch nicht erreicht werden, ist der Einsatz eines algorithmisch unterstützten Verfahrens, daß aber dennoch die Grundprinzipien einer teilautonomen Leistungseinheit berücksichtigt erforderlich. Die folgenden Ausführungen beziehen sich auf den Einsatz eines algorithmisch unterstützten Verfahrens zur Auftragseinplanung für teilautonome Leistungseinheiten, nicht auf den Einsatz einfacher und nicht algorithmisch unterstützter Verfahren.

Eng verknüpft mit dem Organisationskonzept teilautonomer Leistungseinheiten ist der Begriff der Ziele. Teilautonome Leistungseinheiten, die als Kern ihres Aufgabenspektrums Produktionsleistungen erbringen, werden an Zielen gemessen. Auch die Ziele der Fertigungssteuerung sind Gradmesser für die Wirtschaftlichkeit der betrieblichen Leistungserstellung und damit Maßstäbe für die Beurteilung und Bewertung von teilautonomen Leistungseinheiten.

Für teilautonome Leistungseinheiten, deren Zielerreichung gemessen und bewertet wird, ist es deshalb unbedingt erforderlich, daß sie bezüglich ihrer technologischen, personellen und methodischen Kompetenz und Leistungsfähigkeit bestmöglich ausgestattet sind. Focussiert auf den methodischen Bereich bestehen im Rahmen der Produktionsplanung und -steuerung bei der Unterstützung dezentraler Organisationseinheiten noch erhebliche Defizite /TEM-96/. Für die Funktion der Auftragseinplanung bedeutet dies, den teilautonomen Leistungseinheiten ein Verfahren zur Verfügung zu stellen, daß es ermöglicht, die individuell gesteckten Zielen der Fertigungssteuerung bestmöglichst zu erreichen.

In diesem Kapitel werden die Anforderungen an ein solches, algorithmisch unterstütztes Verfahren zur zielorientierten Auftragseinplanung erarbeitet. Sie können strukturiert werden in Anforderungen, die

- im Vorfeld des Verfahrens,

- während des Verfahrensablaufs und

- nach Ablauf des Verfahrens

an das Verfahren gestellt werden. Damit wird der Begriff der Zielorientierung durchgängig und vollständig in die Funktion der Auftragseinplanung integriert. Eine ganzheitliche Betrachtung der Verfahrensschritte ist erforderlich, um nicht ein auf Teilaspekte optimiertes Verfahren zu entwickeln. Die Verfahrensschritte sind:

- Abbildung der Ziele einer Planungseinheit,

- Zielorientierung bei der Auftragseinplanung und

---

[41] In 6.2.1 Einfache und angepaßte Verfahren zur Auftragseinplanung werden hierfür Beispiele genannt werden.

- Messen und Bewerten des Planungsergebnisses.

Im folgenden werden die einzelnen Verfahrensschritte analysiert und darauf aufbauend die Anforderungen an die jeweiligen Verfahrensschritte abgeleitet.

3.1   Abbildung der Ziele einer Planungseinheit

Das Ergebnis der Auftragseinplanung ist das Produktionsprogramm der teilautonomen Leistungseinheit für die Planungsperiode. Die anschließenden Funktionen der Auftragsveranlassung und der eigentliche Produktionsprozeß sind somit direkt an die Güte des Produktionsprogramms gebunden. Die Vorgaben zur Zuteilung der Arbeitsvorgänge, die im Produktionsprogramm enthalten sind, zu den Fertigungsressourcen bestimmen als Soll-Vorgaben gleichzeitig über die Bewertung der teilautonomen Leistungseinheit. Werden demnach an die teilautonome Leistungseinheit Ziele zur Bewertung ihrer Leistungsfähigkeit verwendet, sind diese insbesondere auf die Soll-Vorgaben für den Produktionsprozeß zu übertragen und somit auch auf die Funktion der Auftragseinplanung.

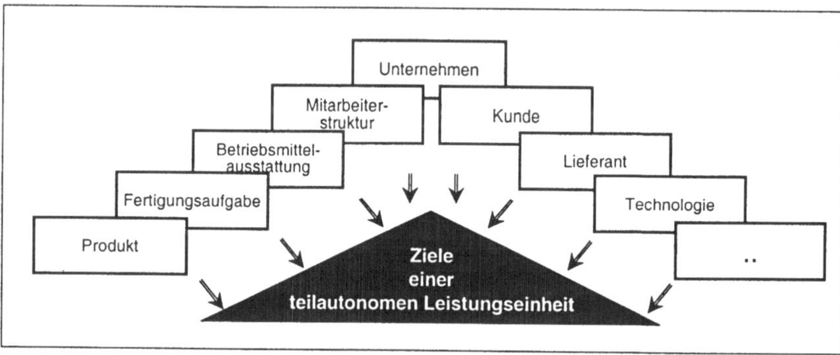

Abbildung 3-1   Einflußfelder auf die Ziele einer teilautonomen Leistungseinheit

Abhängig von zahlreichen Einflußfeldern, wie z. B. der Fertigungsaufgabe, der Betriebsmittelausstattung und dem Kunden-Lieferantenverhältnis einer teilautonomen Leistungseinheit nehmen die dominierenden Zielsetzungen, die eine Leistungseinheit verfolgt, unterschiedliche Ausprägungen an.

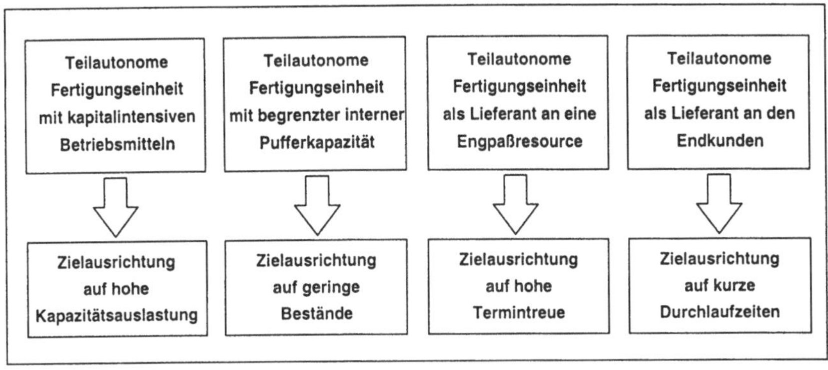

Abbildung 3-2   Unterschiedliche Zielausrichtung teilautonomer Leistungseinheiten

Bei einer kapitalintensiven Betriebsmittelausstattung stehen z. B. die möglichst hohe Kapazitätsauslastung durch die Vermeidung unnötiger Umrüstvorgänge der Betriebsmittel im Vordergrund /WIE-96/, bei einer Einheit, die einer Engpaßressource vorgeschaltet ist, dominiert die termingerechte Weiterlieferung der Fertigungsaufträge. Begrenzte räumliche Lagerkapazitäten oder eine hohe Kapitalintensität der Produkte können Ursache für die strikte Ausrichtung auf die Vermeidung von Beständen sein. Desweiteren sind die Ziele einer teilautonomen Leistungseinheit als dynamisch zu betrachten, d. h., daß sich die Ziele die angestrebt werden, über bestimmte Zeitverläufe hinweg verändern und andere Ausprägungen bzw. Schwerpunkte annehmen.

Zudem können sich die Ziele einer teilautonomen Leistungseinheit, über den Verlauf der Zeit hin, auch in ihrer Gewichtung dynamisch verändern/ WIE-96/. Beispiel hierfür wäre das Zielsystem eines Herstellers von Produkten mit saisonalen Absatzschwankungen, der in der Phase der geringen Nachfrage einen bewußten Bestandsaufbau betreibt, in der Phase der erhöhten Nachfrage aber eine größtmögliche Termintreue anstrebt.

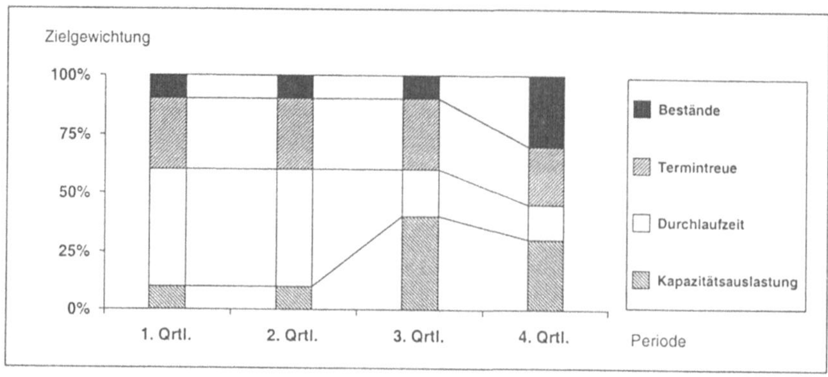

Abbildung 3-3   Zeitliche Veränderung der Zielgewichtungen

Doch auch durch interne Gründe kann sich die Gewichtung der Ziele verändern, treten beispielsweise in der Ressourcenstruktur oder der Auftragsstruktur Entwicklungen auf, die Auswirkungen auf die Ziele der teilautonomen Leistungseinheit haben[42]. Die Gewichtungen der Ziele können auch in verschiedenen Phasen der Unternehmensstrategie und in unterschiedlichen Konjunkturphasen schwanken /WIE-96/. Während einer Hochkonjunkturphase wird versucht, die vorhandenen Produktionskapazitäten möglichst hoch auszulasten. Währenddessen die in einer Rezessionsphase vorhandenen Überkapazitäten der Betriebsmittel dazu führen, daß ungünstige Rüstfolgen in Kauf genommen werden, jedoch der Termintreue eine hohe Priorität gegeben wird, um eine möglichst hohe Kundenzufriedenheit zu erreichen. Ähnliches gilt beim Markteintritt eines Unternehmens.

Die spezifische Ausprägung des Zielsystems und die zeitliche Dynamik bedeuten für die Auftragseinplanung, daß eine Anpaßbarkeit an die jeweils aktuelle Zielsetzung durch die Veränderung der gegenseitigen Gewichtung der Ziele der teilautonomen Leistungseinheit notwendig ist.

Abbildung 3-4 zeigt die Zusammenfassung der Anforderungen an die Abbildung der Ziele bei der Auftragseinplanung in einer teilautonomen Leistungseinheit.

---

[42] Die Veränderlichkeit bzgl. der Ressourcenstruktur oder des Auftragsspektrums wird in *Abbildung 3-3 Zeitliche Veränderung der Zielgewichtungen* veranschaulicht. Im Wechsel des 2. zum 3. Quartals wird, ausgelöst durch die Investition in eine sehr kapitalintensive Fertigungstechnik, das Ziel der kurzen Durchlaufzeit deutlich reduziert und die Gewichtung der hohen Kapazitätsauslastung entsprechend erhöht. Begründet durch eine Veränderung im Auftragsspektrum, der durchschnittliche Auftragswert hat sich signifikant erhöht, wird im Wechsel des 3. zum 4. Quartal das Ziel möglichst geringer Bestände deutlich erhöht. Alle anderen Ziele werden entsprechend geringer gewichtet.

<table>
<tr>
<td>Anforderungen an die
Abbildung der Ziele</td>
<td>

• **Übertragung der Ziele einer Planungseinheit auf die Funktion der Auftragseinplanung**

• **Dynamische Abbildung und Anpassung der Ziele in der Planungs- und Betriebsphase**

• **Gegenseitige Gewichtung der Ziele**

</td>
</tr>
</table>

Abbildung 3-4   Anforderung an die Abbildung der Ziele

3.2   Zielorientierung bei der Auftragseinplanung

Die Anforderungen an den Verfahrensablauf einer zielorientierten Auftragseinplanung lassen sich in folgende Punkte gliedern:

- Vollständige Integration in den Funktionsablauf der Produktionsplanung und -steuerung,

- Realisierung der Zielorientierung durch das Verfahren und

- Anwendbarkeit der Verfahrens als kurzfristige PPS-Funktion.

Die Funktion der Auftragseinplanung ist, wie in Kapitel 2.1 gezeigt, eingebunden in den Planungsablauf der Produktionsplanung und -steuerung. Die dabei geltenden Rahmenbedingungen der Planung sind von dem Verfahren der Auftragseinplanung einzuhalten. Insbesondere ist die Anbindung der Funktion an die direkt vor- und nachgelagerten PPS-Funktionen zu beachten. Daraus entstehen für die Auftragseinplanung Rahmenbedingungen, die auch durch ein neues Verfahren eingehalten werden müssen. Die wesentlichsten Rahmenbedingungen werden im folgenden ausgeführt.

Die bisherige Kapazitätsbelegung der Fertigungsressourcen ist bei der Auftragseinplanung zu berücksichtigen. D. h., daß sich in Arbeit befindliche Arbeitsvorgänge nicht unterbrochen oder vor ihrer Fertigstellung beendet werden dürfen. Lediglich im Anschluß an den aktuellen Arbeitsvorgang bzw. nach einem festgelegten Zeitraum kann, durch einen Planungslauf zur Auftragseinplanung, auf die Fertigungsressource zugegriffen werden[43].

Bei der Belegung der Fertigungsressourcen mit Arbeitsvorgängen sind die Kapazitätsgrenzen der Fertigungsressourcen zu beachten. Die Auftragseinplanung darf nicht zu einer Überbelegung der Ressourcen führen, ansonsten entsteht eine Undurchführbarkeit des Planungsergebnisses.

Durch die Arbeitsplanung wurde die Bearbeitungsfolge der Arbeitsvorgänge für die Produktionsaufträge festgelegt. Diese ist durch die zeitliche Zuteilung der Arbeitsvorgänge durch die Auftragseinpla-

---

[43] Die Berücksichtigung eines festgelegten Zeitraumes ab dem die Neubelegung der Fertigungsressourcen durch den Planungslauf vorgenommen wird, hat den Effekt, daß für die Auftragsverteilung genügend Reaktionsmöglichkeit besteht ihre Teilschritte durchzuführen.

nung einzuhalten, da sonst die technologische richtige und wirtschaftlich sinnvolle Bearbeitung der Erzeugnisse nicht gewährleistet ist.

Desweiteren sind die terminlichen Verfügbarkeiten aller notwendiger Ressourcen zur Durchführung der Arbeitsvorgänge zu beachten. Dazu gehört nicht nur, wie bereits oben ausgeführt, die Verfügbarkeit der Fertigungsressourcen, also der Anlagen und Maschinen, sondern insbesondere auch der notwendigen Materialien und Fertigungshilfsmittel. Diese werden entweder aus einem Beschaffungsprozeß oder einem Produktionsprozeß heraus dem Produktionsauftrag zugeführt. Bei der Auftragseinplanung ist somit der geplante Zugangstermin als Verfügbarkeitstermin der Ressource anzusetzen. Eine Einplanung des Arbeitsvorgangs bevor die Verfügbarkeit sichergestellt ist führt wiederum zu einem nicht durchführbaren Planungsergebnis.

Zusätzlich zu Anforderungen, die aus dem Umfeld der Produktionsplanung und -steuerung entstehen, werden Anforderungen an das Verfahren zur Auftragseinplanung selbst gestellt. Sie leiten sich aus der Gesamtanforderung an das Verfahren ab und zusätzlich aus der Intention, daß die Funktion der Auftragseinplanung zielorientiert erfolgen soll, also ein Planungsergebnis im Sinne der Zielsetzung der teilautonomen Leistungseinheit.

Das Planungsproblem der Zuteilung einer bestimmten Anzahl von Aufträgen, mit einer begrenzten Anzahl an Arbeitsvorgängen, auf die begrenzte Anzahl vorhandener Fertigungsressourcen, ist trotz der Einschränkungen der Anzahl und der Prämissen aus Kapitel 2.1 als sehr komplexes Problem[44] einzustufen. Abbildung 3-5 zeigt einige der möglichen Lösungen des Zuteilungsproblems bei nur drei Aufträgen und vier Fertigungsressourcen.

---

[44] Die Verwendung des Komplexitätsbegriffes an dieser Stelle bezieht sich auf den aufwandsorientierten Komplexitätsbegriff. Er bezeichnet innerhalb der Komplexitätstheorie eine Zweig der theoretischen Informatik, bzw. der angewandten Informatik, in dem berechenbare Funktionen bzw. Probleme, die durch diese Funktionen gelöst werden, nach ihrer Komplexität zu klassifizieren. Dabei mißt man die Komplexität als Zahl der Rechenschritte, die der beste Algorithmus, der das Problem bzw. die Funktion berechnet, erfordert /SCH-96a/.

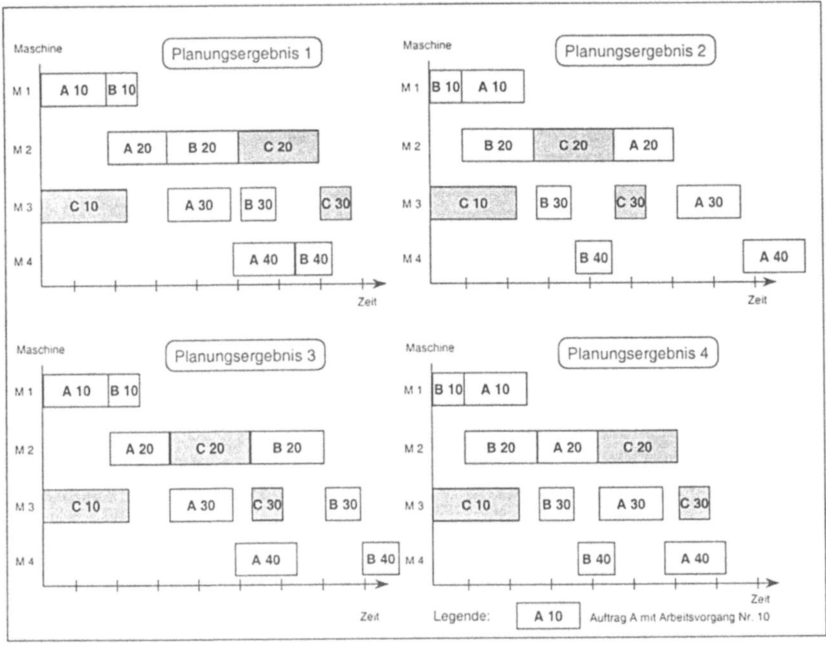

Abbildung 3-5   Beispiele für alternative Planungsergebnisse der Auftragseinplanung

Das Planungsproblem der Auftragseinplanung ist mathematisch gesehen als spezielle Aufgabe der Kombinatorik zu interpretieren. Daher liegt hier eine Modellierung als Entscheidungsbaumproblem nahe. Die verschiedenen Ergebnisalternativen werden hier systematisch enumeriert. Der exponentielle Anstieg der möglichen Lösungen des Problems, bei Anstieg der Eingabewerte, führt dazu, daß eine Ermittlung des optimalen Ergebnisses in nicht mehr vertretbar vielen Rechenschritten und somit in nicht mehr vertretbarer Zeit erfolgen kann[45].

Da es sich bei der Auftragseinplanung um eine Funktion innerhalb des kurzfristigen Planungshorizonts handelt und es insbesondere auch für teilautonome Leistungseinheiten mit zahlreichen Fertigungsressourcen geeignet sein soll, ist es unbedingt erforderlich, daß das Planungsergebnis in vertretbarer Zeit ermittelbar ist, d. h. für den Ablauf des Verfahrens auch nur begrenzt viele Rechenschritte notwendig sind. Erst dann kann die Auftragseinplanung die im Kurzfristbereich erforderliche Flexibilität und Reagibilität leisten. Sie ist für die teilautonome Leistungseinheit von entscheidender Bedeutung, da es

---

[45] Für das Planungsproblem der Auftragseinplanung sind die Ergebnisse der Komplexitätsanalyse eher ernüchternd. Polynominal lösbar, d. h. daß die Anzahl der Rechenoperationen mit der Problemgröße - gemessen an der Länge der Eingabedaten - höchstens wie eine Polynom steigt, sind nur die einfachen Grundprobleme für bis zu zwei Maschinen bzw. bis zu drei Aufträgen sowie vereinzelte Sonderfälle komplizierter Probleme. Auf sie können im wesentlichen konstruktive Lösungsmethoden oder Modifikationen und Weiterentwicklungen davon angewendet werden /TRO-96, GAR-79/.

zahlreiche Störgrößen bei der Planungsdurchsetzung gibt, die eine erneute Planung erfordern und somit ein schnelles und flexibles Reagieren unabdingbar machen.

Das Auftragseinplanungsverfahren bestimmt direkt das Planungsergebnis. Durch die formulierte spezifische Zielsetzung stellt die teilautonome Leistungseinheit bestimmte Anforderungen an das Planungsergebnis, die sie durch die Gewichtung der Ziele ausdrückt. Dies bedeutet insbesondere während des Ablaufs des Verfahrens, daß die durch die teilautonomen Leistungseinheiten spezifisch gewichteten Ziele zu berücksichtigen sind. Gewährleistungsbedingungen hierfür sind die

- Übernahme der gewichteten Ziele und deren Einbindung in das Verfahren und die

- Nutzung der Zielgewichtungen zur Ermittlung des Planungsergebnisses.

Die Übernahme der Ziele in das Auftragseinplanungsverfahren ist erforderlich, um für den folgenden Ablauf der Auftragseinplanung das Planungsproblem im Sinne der Vorgaben zu lösen. Die Vorgaben sind wie Abschnitt 3.1 zeigt jedoch dynamisch und können sich von Planungslauf zu Planungslauf verändern. Erfolgt die Durchführung der Planung unabhängig von den Zielen, ist nicht gewährleistet, daß das Planungsergebnis im Sinne der Vorgaben, also der spezifischen Zielsetzung der teilautonomen Leistungseinheit ermittelt wird.

Die Gewichtung der Ziele ist im Verfahrensablauf zur Ermittlung des Planungsergebnisses zu verwenden. Für das Planungsergebnis bedeutet dies, daß eine hohe Gewichtung eines Zieles sich in einer qualitativ guten Ausprägung dieser Zielkomponente herausbilden muß. Wird die Bedeutung dieses Zieles als geringer bewertet, hat sich dies bei Anwendung auf die gleiche Planungssituation in der Form auszuwirken, daß die Ausprägung der Zielkomponente auch qualitativ schlechter ausfällt. Gewichtung der Ziele und Ausprägung des Planungsergebnisses bzgl. dessen Zielkomponenten haben sich demnach in gleicher bzw. kongruenter Weise zu verhalten.

Dieses Kongruenzverhalten des Verfahrens ist insbesondere auf die Situation anzuwenden, wenn durch eine teilautonome Leistungseinheit nur ein Ziel verfolgt wird und die anderen Ziel als unwichtig und nicht verfolgenswert eingestuft werden. Bei Anwendung dieser Zielgewichtung sollte das Verfahren möglichst die qualitativ beste Ausprägung dieser Zielkomponente des Planungsergebnisse im Vergleich zu Planungsläufen mit anderen Zielgewichtungen bei der gleichen Planungssituation erreichen.

Desweiteren ist für die teilautonome Leistungseinheit das Kongruenzverhalten von Bedeutung, da es bei der Umsetzung des Fertigungsplans durch Störgrößen während des Produktionsprozesses zu spezifischen Abweichungen in der Ausprägung einzelner Zielkomponenten kommen kann. Die Leistungseinheit muß hierauf durch eine Anpassung des Zielsystems reagieren können und beim folgenden Planungslauf der Auftragseinplanung die aktualisierte Zielsetzung verfolgen, um das aufgetretene Defizit in einem Zielbereich auszugleichen.

Abbildung 3-6 zeigt zusammenfassend die Anforderungen an die Zielorientierung bei der Auftragseinplanung in einer teilautonomen Leistungseinheit.

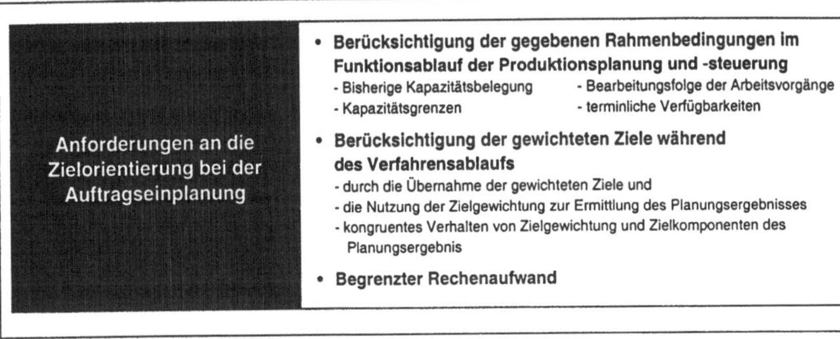

Abbildung 3-6   Anforderungen an die Zielorientierung bei der Auftragseinplanung

3.3   Messen und Bewerten von Randbedingungen und Planungsergebnis

Die Anforderungen nach dem Verfahrensablauf einer zielorientierten Auftragseinplanung lassen sich in folgende Punkte gliedern:

- Prüfung des Verfahrensablaufs bzgl. der Einhaltung der Randbedingungen der Zielorientierung und

- Anforderungen an das Planungsergebnis.

Die durch die Einbettung der Auftragseinplanung in die Produktionsplanung und -steuerung geltenden Anforderungen sind bereits in Kapitel 3.2 beschrieben. Darüber sind jedoch an den Verfahrensablauf weitere Anforderungen zu stellen, die sich auf die Berücksichtigung der Ziele und der Zielgewichtungen beziehen. Wie in 3.2 ausgeführt, sollen die Ziele und Zielgewichtungen der teilautonomen Leistungseinheit für die Ermittlung des Planungsergebnisse verwendet werden. Dies muß für den gesamten Verfahrensablauf gelten. Erfolgt die Ermittlung des Planungsergebnisses aufgrund von sekundären Merkmalen und nicht aufgrund der Ziele und Zielgewichtungen kann das Verfahren die Grundanforderung der Zielorientierung nicht mehr erfüllen. Insbesondere muß diese Gültigkeit unabhängig von

- Art, Struktur und Anzahl der Produktionsaufträge und Arbeitsvorgänge sowie

- Art, Struktur und Anzahl der Fertigungsressourcen[46]

---

[46] Konkretisiert bedeutet dies, daß es für den Ablauf und die Güte der zielorientierten Auftragseinplanung unerheblich sein muß, ob viele oder wenige Produktionsaufträge einzuplanen sind, ob die Produktionsaufträge nur aus einigen oder zahlreichen Arbeitsvorgängen bestehen, ob die Bearbeitungszeiten der Arbeitsvorgänge alle eher kurz, eher lang oder in der Dauer sehr heterogen sind, ob viele oder wenige Fertigungsressourcen durch die Arbeitsvorgänge belegt werden oder ob bei den Fertigungsressourcen Engpaßaggregate vorhanden sind.

gewährleistet sein. Im dynamischen Umfeld der Produktion und insbesondere bei Einzel- und Kleinserienfertigern ist dies unbedingt erforderlich, da ansonsten Konjunkturschwankungen, Veränderungen des Erzeugnisspektrums oder die Einführung neuer Bearbeitungstechnologien die Eignungsfähigkeit des Verfahrens in Frage stellen würden. Das Verfahren soll somit universell einsetzbar sein für verschiedenste Industrieunternehmen, unterschiedlichste teilautonome Leistungseinheiten und unterschiedlichste Planungssituationen. Zudem sollten keine besonderen Anpassungen notwendig sein und auch keine besonderen Anforderungen an mathematische Kenntnisse der Anwender gestellt werden.

Die Anforderungen an das Planungsergebnis werden bestimmt durch das in 3.2 geforderte Kongruenzverhalten des Verfahrens. Es bezieht sich auf die gewichteten Ziele und das Planungsergebnis. Nach Ablauf des Verfahrens liegt das Planungsergebnis in Form der terminlich eingeplanten Produktionsaufträge und Arbeitsvorgänge vor und kann somit in Beziehung zu den gewichteten Zielen gebracht werden, indem

- eine Messung des Planungsergebnisses und

- eine Bewertung des Planungsergebnisses

erfolgt.

Wie in 2.1 gezeigt, beeinflußt das Verfahren die Ziele der Durchlaufzeit, der Termintreue und der Höhe der Bestände für Produktionsaufträge und die Kapazitätsauslastung der Fertigungsressourcen. Vor Ablauf des Verfahrens werden diese Ziele durch die teilautonome Leistungseinheit mit Gewichtungen versehen. Nach Ablauf des Verfahrens kann die Erreichung der Ziele gemessen werden. Die Messung hat ressourcen- bzw. auftragsbezogen durch die Betrachtung der terminlichen Belegung der Fertigungsressourcen, bzw. der ermittelten Termine zur Durchführung der Produktionsaufträge zu erfolgen.

Diese Betrachtung muß die Verschiedenheit von Planungsergebnissen ausdrücken und ist somit wertend durchzuführen. Die Bewertung muß demnach ausdrücken, ob im Vergleich zweier Planungsergebnisse ein Unterschied bzgl. einer Zielkomponente, beispielsweise der Durchlaufzeit, vorhanden ist und muß eine Aussage zulassen, welches der Meßergebnisse der Zielkomponente eher entspricht. Die Bewertung des Planungsergebnisses muß über alle Zielkomponenten erfolgen.

Die durchgeführte Bewertung der Zielkomponenten des Planungsergebnisses ist in Beziehung zu setzen mit den Zielgewichtungen, die vor dem Ablauf des Verfahrens festgelegt wurden. Das Kongruenzverhalten ist somit nachweisbar, wenn die Planungssituation vor Ablauf des Verfahrens wiederhergestellt wird und mit veränderten Zielgewichtungen ein erneuter Planungslauf durchgeführt wird. Leistet das Verfahren die Grundanforderung der Zielorientierung, wird im Vergleich der Ergebnisse durch die Gegenüberstellung der Zielgewichtungen und Bewertungen des Zielkomponenten des Planungsergebnisses eine kongruentes Verhalten auftreten.

Zusammengefaßt zeigt Abbildung 3-7 nochmals die wesentlichen Anforderungen an das Messen und Bewerten von Randbedingungen und Planungsergebnis.

<table>
<tr><td>Anforderungen an das Messen und Bewerten von Randbedingungen und Planungsergebnis</td><td>

- Sicherstellung der Einhaltung der Randbedingungen des Verfahrens durch Überprüfung der Zielorientierung
- Unabhängigkeit von Art, Struktur und Anzahl von Produktionsaufträgen, Arbeitsvorgängen und Fertigungsressourcen
- Ressourcen- und auftragsbezogene Messung und Bewertung des Planungsergebnisses bzgl. der Zielkomponeneten
- Sicherstellung des Kongruenzverhaltens des Verfahrens durch Gegenüberstellung von Zielgewichtung und bewertetem Planungsergebnis

</td></tr>
</table>

Abbildung 3-7   *Anforderungen an das Messen und Bewerten von Randbedingungen und Planungsergebnis*

4 Stand der Technik

Gegenstand der Untersuchung der Stands der Technik sind algorithmisch unterstützte Verfahren und Methoden zur Auftragseinplanung, die zu segmentieren sind /MÜM-79/ in die Klassen der

- Optimierungsverfahren (auch mathematisch-exakte Verfahren) und
- Näherungsverfahren (Heuristiken).

Im folgenden soll ein Überblick über die bestehenden Verfahren und Methoden gegeben und gleichzeitig eine Bewertung auf die im Kapitel 3 hin aufgestellten Anforderungen durchgeführt werden.

4.1 Optimierungsverfahren

Aufgabe von Optimierungsverfahren ist es, unter Einhaltung von Randbedingungen, für die jeweilige Problemstellung eine optimale Lösung zu finden im Hinblick auf eine spezifische Zielfunktion. Beispielsweise gilt allgemein /Neu-75/ für die optimale Lösung x_{opt} eines Minimierungsproblems

$$\forall\ x \in M:\ f(x_{opt}) \leq f(x)$$

mit: M: Wertebereich der freien Variablen des Systems

$x = (x_1, ..., x_n) \in M$: Zulässige Einstellungen der freien Variablen des Systems

$f(x)$, $(f\colon M \to \Re)$: Zielfunktion der Optimierung mit reell-wertigem Gütekriterium.

Diese Problemstellung ist sicherlich stets durch das Verfahren der vollständigen Enumeration zu lösen. Dabei werden alle möglichen Lösungsvektoren des Optimierungsproblems entwickelt und die beste ausgewählt /MÜM-79/. Bei dem Zuordnungsproblem der Auftragseinplanung bedeutet dies jedoch bei n Aufträgen auf m Maschinen die Entwicklung von $(n!)^m$ Lösungsvektoren. Die Lösungsmenge entspricht bereits bei 6 Aufträgen und 8 Maschinen $7,2 * 10^{22}$ Kombinationen und wächst bei hinzukommen von nur 2 Aufträgen um 14 Zehnerpotenzen an. Für die betriebliche Praxis ist die Totalenumeration aufgrund des Berechnungsaufwandes demnach ungeeignet. Unter den Optimierungsverfahren ist die Lineare Optimierung[47] dasjenige, dessen Methoden in der Praxis am meisten angewendet[48] werden.

---

[47] Der Begriff der „Linearen Optimierung" wird in der Operations Research Literatur synonym verwendet mit dem Begriff der „Linearen Programmierung" und der „Linearen Planungsrechnung". Siehe hierzu /MÜM-73/ und /NEU-79/.

[48] Beispiele für Bereiche in denen die Lineare Optimierung erfolgreich angewendet wird, sind etwa die Produktionsprogrammplanung, Investitionsplanung, Aufstellung von Finanzierungsplänen oder etwa die Bestimmung von Mischungsverhältnissen /BOO-89/, /FLE-96/. Eine besondere Klasse praktisch wichtiger linearer Optimierungsaufgaben stellen die sogenannten Transportprobleme dar. Hierbei handelt es sich um die Bestimmung von Warenmengen, deren logistischer Fluß unter Kostengesichtspunkten und unter Beachtung gegebener Randbedingungen optimiert werden soll.

Voraussetzung ist jedoch, daß Zielgröße und Restriktionen bezüglich der Variablen des Problems linear sind. Bekannteste Methode der Linearen Optimierung ist die SIMPLEX-Methode, die auf mathematischen Standardmethoden basiert und zur Lösung linearer Gleichungssysteme und zur Matrixinversion geeignet ist. Bzgl. der Auftragseinplanung ist das SIMPLEX-Verfahren grundsätzlich geeignet, da in der zu optimierenden Zielfunktion die spezifische Gewichtung der Ziele einer teilautonomen Fertigungsgruppe sehr gut abbildbar ist. Dennoch ist das Verfahren in der betrieblichen Praxis nur bedingt einsetzbar, da es sich grundsätzlich zwar flexibel anpassen läßt, jedoch die erforderliche Modellbildung aufgrund der großen Abstraktion recht komplex werden kann. Zudem läßt es nicht ganzzahlige Lösungsvariablen zu, die aufgrund der Problemstellung und der Einschränkungen aus Kapitel 2 jedoch ausgeschlossen sind und ganzzahlig sein müssen[49].

Für die Problemstellung der Auftragseinplanung stellt das Operations Research jedoch noch weitere Verfahren zur Verfügung, die zur Klasse der ganzzahligen Optimierungsverfahren[50] gehören. Ein typisches Verfahren der Ganzzahligen Optimierung ist das Branch-and-Bound-Verfahren. Branch-and-Bound-Verfahren stellen spezielle Suchverfahren dar, bei denen, im Gegensatz zur vollständigen Enumeration nur ein Bruchteil aller möglichen Lösungen explizit entwickelt wird und über die Einteilung der Lösungen in Klassen („branching") und der Bewertung mit Schrankenwerten („bounds") der Lösungsraum eingeschränkt wird. Nachteil der Branch-and-Bound-Verfahren ist, daß sie keineswegs die Optimalität der Lösung sicherstellen und trotz der Einschränkung des Lösungsraumes nur bis zu einer gewissen Komplexität mit vertretbarem Berechnungsaufwand einsetzbar sind[51].

Zusammenfassend kann festgehalten werden, daß die Optimierungsverfahren aufgrund der Komplexität der Problemstellung und der deswegen exponentiell ansteigenden Berechnungsintensität für die Problemstellung der Auftragseinplanung nicht geeignet sind, was sich auch in ihrem Verbreitungsgrad in der praktischen Anwendung in Industrieunternehmen dokumentiert /TRO-96/, /SCH-95a/.

---

[49] Dies bezieht sich auf die Anforderung, daß zu einem Zeitpunkt eine Fertigungsressource entweder belegt sein kann oder freie Kapazität hat, also eine binäre Variable ist, die nur zwei Zustände (0 oder 1) gestattet. Zudem wurde die Anforderung aufgestellt, daß Arbeitsvorgänge nicht unterbrochen werden dürfen, also nicht in einem teilbearbeiteten Zustand von der Fertigungsressource weggenommen werden.

[50] Bei zahlreichen Optimierungsproblemen werden ganzzahlige Lösungen gesucht. Dies ist etwa dann der Fall, wenn Problemstellungen der Produktionsprogrammplanung oder der Transportplanung mit Stückgütern (Bsp. Fernseher, Motoren) vorliegen und nicht mit unbeschränkt teilbaren Gütermengen (Bsp. Kohle, Erdöl). Diese Optimierungsprobleme sind dadurch gekennzeichnet, daß bei ihnen nur die Entscheidungsmöglichkeiten „ja" oder „nein" auftreten (z. B. ob ein Motor noch zugeladen werden kann oder nicht), denen man zweckmäßigerweise Variablen, die nur die Werte 0 oder 1 annehmen können zuordnet /NEU-79/, /FLE-96/.

[51] Für den Fall von m=2 Maschinen und gleicher Bearbeitungsreihenfolge für alle Aufträge hat Johnson ein Verfahren entwickelt, daß mit vertretbarem Berechnungsaufwand - in n Schritten - eine optimale Lösung der Auftragseinplanung liefert /NEU-79/.

4.2   Näherungsverfahren

In der Gegenüberstellung zu Optimierungsverfahren zeichnen sich Näherungsverfahren, auch als Heuristiken bezeichnet, durch einen reduzierten Berechnungsaufwand zur Lösung eines Optimierungsproblems aus. Kern heuristischer Verfahren sind bestimmte Suchstrategien zur Lösungsfindung, die hinsichtlich der Problemstruktur und der angestrebten Ziele als sinnvoll und erfolgversprechend erscheinen. Heuristiken lassen sich nach der zugrundeliegenden Vorgehensweise in iterative und eröffnende Verfahren unterteilen[52].

Heuristiken arbeiten somit effizienter als Optimierungsverfahren, bringen aber nicht immer die optimale Lösung /MÜM-79/ hervor. Sie sind in der Regel auf die Lösung spezieller Problemtypen beschränkt.

In der Literatur werden eine Vielzahl heuristischer Verfahren dargestellt, von denen im folgenden die auf die Problemstellung der Auftragseinplanung anwendbaren vorgestellt werden.

4.2.1   Prioritätsregeln

Das Planungsverfahren der Prioritätsregeln beruht auf einer Interpretation des Produktionsprozesses als stochastisches Netzwerk von parallel oder hintereinander geschalteten Warteschlangen, in welchem jede Kapazitätseinheit einen Bedienungskanal darstellt//HOC-73/.

Das Eintreffen neuer Aufträge, die Dauer der Arbeitsvorgänge sowie die Übergänge zwischen den Kapazitätseinheiten sind stochastische oder probabilistische Größen, die bestimmten statistischen Verteilungen unterworfen sind[53]. Prioritätsregeln basieren auf einfachen Rechenregeln, anhand derer über die Berücksichtigung von Bearbeitungszeiten, Fertigstellungsterminen oder mehrerer, auch dynamischer Variablen, jedem wartenden Auftrag vor einer Kapazitätseinheit ein Prioritatskennziffer zugeordnet wird. Anschließend wird die Belegung der Kapazitätseinheit durch den Auftrag mit der höchsten Prioritätskennziffer durchgeführt. Abbildung 4-1 zeigt die algorithmische Darstellung des Funktionsablaufs der Auftragseinplanung mit Prioritätsregeln.

---

[52] Iterative Verfahren versuchen, ausgehend von einer bereits vorhandenen Lösung, eine Verbesserung zu erreichen. Eröffnungsverfahren ermitteln anhand bestimmter Regeln eine Lösung, die nicht weiter verbessert oder verändert wird /SCH-89/.

[53] Diese Betrachtungsweise, die sich auf die fundamentalen Forschungsarbeiten von Jackson /JAC-67/ stützt, entspricht dem tatsächlichen Geschehen in der industriellen Produktion eher als diejenige Auftragseinplanung, die nur die Warteschlange vor der Auftragsfreigabe in die Betrachtung einbezieht.

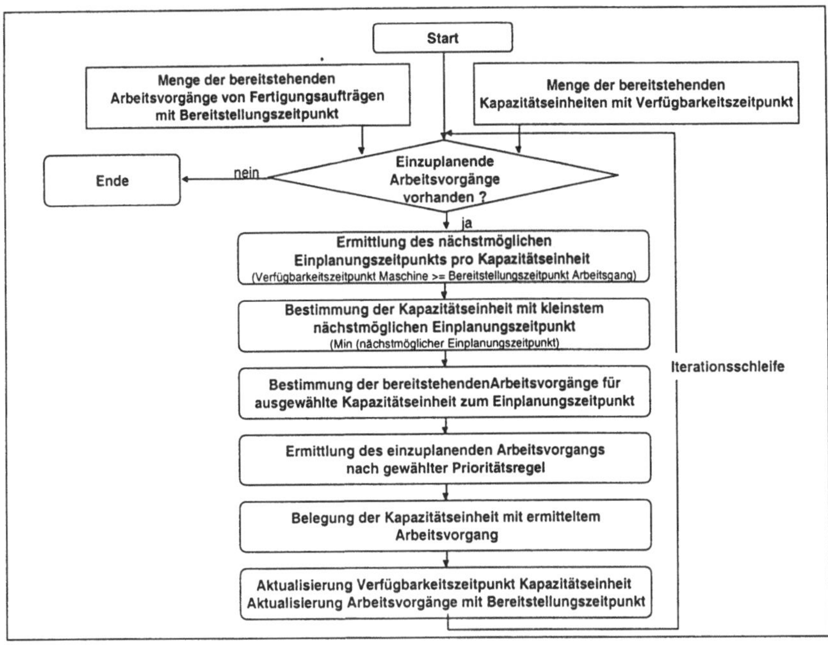

Abbildung 4-1   Funktionsablauf der Auftragseinplanung mit Prioritätsregeln

Prioritätsregeln können nach verschiedensten Kriterien gebildet werden. Abbildung 4-2 zeigt einen Überblick der am häufigsten diskutierten und angewendeten Prioritätsregeln und strukturiert sie nach unterschiedlichen Kriterien[54].

---

[54] Prioritätsregeln lassen sich nach /HAC-89/ und /HAU-96/ nach verschiedenen Kriterien klassifizieren:

- Im Hinblick auf die Veränderlichkeit der Zeit kann zwischen statischen und dynamischen Regeln unterschieden werden. Bei statischen Regeln ändert sich die von einem Verfahren zugewiesene Prioritätskennziffer während des Aufenthalts in einer Warteschlange vor einer Kapazitätseinheit nicht. Bei dynamischen Regeln wird die Prioritätskennziffer zum Zeitpunkt des Freiwerdens der Kapazitätseinheit neu berechnet, so daß sich die Priorität des Auftrags während des Aufenthalts in der Warteschlange ändern kann.

- Lokale und globale Regeln unterscheiden sich durch die Betrachtungsweite bei der Berechnung der Prioritätskennziffer. Global einzustufen sind jene Regeln, die auf Informationen über den Zustand des Gesamtsystems beruhen. Lokale Regeln beziehen sich dagegen nur auf die Informationen der vor der Kapazitätseinheit wartenden Aufträge.

- Nach der Art und Weise der Berechnung der Prioritätskennziffer lassen sich ankunftszeitbezogene, bearbeitungszeitbezogene, terminorientierte, wertorientierte und kundenbezogene Regeln unterscheiden.

FIFO:	First in, First out (bzgl. des Eintreffens in der teilautonomen Fertigungseinheit)	FCFS:	First come First served (bzgl. des Eintreffens an der Kapazitätseinheit)
KOZ:	Nach kürzester Operationszeit	AU-E:	Nach Auftrags-Endtermin
LOZ:	Nach längster Operationszeit	AG-E:	Nach Arbeitsgang-Endtermin
RAZ:	Nach Restarbeitszeit	Slack:	Nach kürzester Restpufferzeit
WAA:	Nach geringster Anzahl der Restarbeitsgänge	Slack/AG:	Nach kürzester Restpufferzeit pro Arbeitsgang
RÜ-M:	Nach Rüstzeiten-Minimierung	Slack/RAZ:	Nach kürzester Restpufferzeit pro Restarbeitszeit
WT-AU:	Nach Wert des Auftrags (Gesamtkosten)	WT-TK:	Nach Wert des bisher angearbeiteten Produkts (Teilkosten)
WT-GK:	Nach Wert des Endprodukts (Gesamtkosten)	KP:	Nach Kundenauftragspriorität

Art der Betrachtung	Dynamisch		Statisch	
Betrachtungsbereich	**Global**	**Lokal**	**Global**	**Lokal**
ankunftszeitbezogen			FIFO	FCFS
bearbeitungszeitbezogen			RAZ WAA RÜ-M	KOZ LOZ
terminorientiert	Slack Slack/RAZ	Slack/AG	AU-E	AG-E
wertorientiert	WT-TK		WT-AU WT-GK	
kundenbezogen			KP	

Betrachtungsgegenstand (Spaltenbeschriftung links, vertikal)

Abbildung 4-2   Übersicht und Klassifizierung von Prioritätsregeln [55]

Um die Eignungsfähigkeit der Auftragseinplanung nach Prioritätsregeln auf die in Kapitel 3 hin aufgestellten Anforderungen zu bewerten, ist die prinzipielle Wirkungsweise der Prioritätsregeln zu betrachten, die in zahlreichen Simulationsanalysen nachgewiesen wurden /BUZ-71/, /HAC-89/, /MER-95/, /HAU-96/, /WIE-97/.

Dabei zeigt sich, daß Prioritätsregeln bestimmte Zielgrößen positiv unterstützten, auf andere jedoch keine oder negative Auswirkungen haben. Abbildung 4-3 veranschaulicht dies anhand einiger Beispiele. Die Anwendung einer Prioritätsregel überträgt demnach die prinzipielle Eigenschaft der Prioritätsregel auf das Planungsergebnis - die eingeplanten Fertigungsaufträge und die Ressourcenbelegung - und somit auf die erreichte Zielausprägung. Das kann durchaus wünschenswert sein, vorausgesetzt, an die zu erreichende Zielausprägung wird genau das Anforderungsprofil gestellt, daß der Prioritätsregel entspricht. Der in Kapitel 3 aufgestellten Anforderung nach einer dynamischen Abbildung der Ziele und der Möglichkeit der gegenseitigen Gewichtung entspricht dies jedoch keineswegs[56].

Dennoch haben die Prioritätsregeln in der betrieblichen Praxis eine weite Verbreitung gefunden, da sie recht einfach algorithmisch und nachvollziehbar abzubilden sind und nur einen begrenzten Berechnungsaufwand verursachen, womit sie im kurzfristigen Bereich der Produktionsplanung und -steuerung sehr prozessnah einsetzbar sind.

---

[55] Vgl. hierzu /HOC-73/, /HAC-89/, /HAU-96/, /WIE-97/

[56] Dies gilt ebenso für die Möglichkeit der Kombination von Prioritätsregeln. Vgl. hierzu /HAU-89/, /ADA-97/.

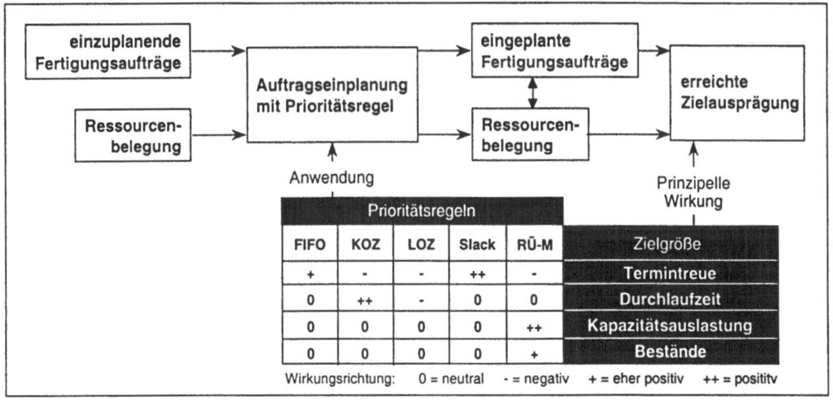

Prioritätsregeln					
FIFO	KOZ	LOZ	Slack	RÜ-M	Zielgröße
+	-	-	++	-	Termintreue
0	++	-	0	0	Durchlaufzeit
0	0	0	0	++	Kapazitätsauslastung
0	0	0	0	+	Bestände

Wirkungsrichtung: 0 = neutral - = negativ + = eher positiv ++ = posititv

Abbildung 4-3   *Wirkungsweise der Auftragseinplanung mit Prioritätsregeln auf die erreichte Zielausprägung* [57]

4.2.2 Expertensystembasierte Verfahren

Expertensystem- bzw. wissensbasierte Verfahren[58] gewinnen in der Produktionsplanung und -steuerung zunehmend an Bedeutung. Grundprinzip dieser Verfahren ist es, Wissen und Problemlösungsstrategien der Anwender aus dem betrieblichem Umfeld der Produktionsplanung und -steuerung in formaler Form abzubilden. Hauptanwendungsgebiete sind die Generierung von Stücklisten und Arbeitsplänen /HAR-94/, Diagnose und Management von Störungen /WIN-96/ und die kurzfristige Fertigungssteuerung /MER-96/.

Bei expertensystembasierten Verfahren in der kurzfristigen Fertigungssteuerung steht die Reaktion auf Störungen im realen Prozeß im Vordergrund, die so ausgeregelt werden soll, daß die Planabweichung minimal bleibt /ALB-92a/. Jedoch auch in der Auftragseinplanung werden expertensystembasierte Verfahren eingesetzt, die jedoch hauptsächlich auf einer bereits durchgeführten Auftragseinplanung aufsetzen und Maßnahmen aufgrund hinterlegter Regeln vorschlagen, die sich darauf beziehen, bestimmte Aufträge umzuplanen, Kapazitäten zu erhöhen oder bestimmte Restriktionen der Auftragseinplanung anpassen /KOC-93/. Darüber hinaus gibt es einige Ansätze, die Problemstellung der Auftragseinplanung mit expertensystembasierten Verfahren zu lösen.

Das Verfahren C.R.O.P.S. (Coherent Rules for On-Line Production Scheduling) /IFI-88/ entwickelt anhand von Kostenkriterien und weiteren Einflußgrößen einen Fertigungsplan. Das Verfahren kann

---

[57] Vgl. hierzu /BUZ-71/, /HAU-96/, /WIE-.97/

[58] Expertensystem- bzw. Wissensbasierte Verfahren bestehen aus den Komponenten Wissensakquisitionskomponente, Wissensbasis, Inferenzkomponente, Erklärungs- und Dialogkomponente /BRA-87/.

aufbauend auf diesem Plan bei einem Wechsel des Auftragsspektrums oder einer Änderung der Fertigungsressourcen sehr schnell eine Anpassung des ursprünglichen Fertigungsplans durchführen.

Dubois, Fargier und Prade verfolgen in ihrem Ansatz, daß sehr häufig Zeitmerkmale eines Arbeitsvorganges nicht exakt formulierbar sind. Um dies zu lösen, bedienen sie sich der Fuzzy Set Theorie[59] und ordnen die Zeitmerkmale unscharfen Mengen zu. Das Verfahren bietet zunächst jedoch nur die Grundlagen für den Umgang mit unscharfen Zeitmerkmalen /DUB-94/.

Hintz und Zimmermann haben ein Verfahren entwickelt, in dem über hierarchische Entscheidungskriterien, bzgl. der Merkmale einzuplanender Produktionsaufträge und vorhandener Fertigungsressourcen, Regeln zur Auswahl eines einzuplanenden Arbeitsvorganges hinterlegt sind /HIN-89/. Auch hier wird das Expertenwissen mit Hilfe der Fuzzy-Set Theorie abgebildet und über die formulierten Regeln ein Bezug zu den Zielen der Auftragseinplanung hergestellt[60]. Beispiel hierfür ist die Regel: „Wenn die Wartezeit lang und die Schlupfzeit sehr kurz ist, dann ist das terminbezogene Ziel wichtig". Anhand solcher Regeln wird das Expertenwissen innerhalb des Verfahrens modelliert und es erfolgt anschließend, analog zum Verfahrensablauf mit Prioritätsregeln, die Bestimmung des als nächsten einzuplanenden Arbeitsvorganges aus der Warteschlange vor einer Fertigungsressource.

Zusammenfassend kann festgehalten werden, daß expertensystembasierte Verfahren bisher meist nur für einfache, kurzfristige Optimierungen geeignet sind, um in einer gegebenen Situation zu entscheiden, welche der vorformulierten Maßnahmen durchgeführt werden soll. Im Anwendungsgebiet der Auftragseinplanung stehen nach heutigem Stand der Forschung noch keine geeigneten Verfahren zur Verfügung, die die Anforderungen an ein zielorientiertes Verfahren erfüllen können. Dies bezieht sich insbesondere auf das Kriterium der dynamischen Abbildung von Zielen und deren Berücksichtigung während des Verfahrensablaufs.

4.2.3 Agentenbasierte Verfahren

Die Schwierigkeiten bei der Lösung komplexer Probleme durch zentrale Lösungsansätze haben zur Entwicklung dezentraler Ansätze geführt. Einer dieser Ansätze ist die Bildung verteilter Objekte mit eigener Problemlösungsfähigkeit. Die betrieblichen Aufgabenstellungen werden bei diesem Konzept

---

[59] Die im Jahr 1965 entstandene Fuzzy Set Theorie kann als eine Verallgemeinerung der klassischen Mengenlehre und der zweiwertigen Logik angesehen werden. Grundkomponenten der Fuzzy Set Theorie sind die „Fuzzy Sets" (unscharfe Mengen) und die Operationen, um sie miteinander zu verbinden. Eine unscharfe Menge ist ganz allgemein definiert als eine Menge von Objekten, die in verschiedenem Grade zu einer unscharfen Menge gehören können /ZIM-96/.

[60] Als Ziele der Auftragseinplanung werden hier die Kundenpriorität eines Auftrags angesehen und die zusammengefaßten Zielgrößen der terminbezogenen Ziele (Schlupfzeit und Wartezeit, die Termintreue und Durchlaufzeit indizieren) und der auslastungsbezogenen Ziele (Gleichmäßigkeit der Kapazitätsauslastung und Nutzung der personalreduzierten Zeit).

mit sogenannten Agenten modelliert. Sie sind „Vertreter" oder „Beauftragte" von verschiedenen Objekten des realen Produktionssystems und agieren dabei im Auftrag von Fertigungsressourcen, Produktionsaufträgen oder beispielsweise von Mitarbeitern. Sie werden als autonome Softwareobjekte modelliert, die definierte Schnittstellen zur Umwelt besitzen und mit eigenen Zielen und Verhaltensregeln ausgestattet sind. Im Rahmen einer betrieblichen Aufgabenstellung wird von einem als „Server" bezeichneten Agenten eine Anfrage an einen oder mehrere Agenten gestartet, die als „Clients" bezeichnet werden. Kann ein Client die vom Server angefragte Leistung erbringen, gibt er hierfür ein Angebot mit entsprechenden Konditionen ab. Beide Agenten verhandeln nun über den Anfrageinhalt und über die Konditionen. Hierzu hat jeder der Agenten einen eigenen Entscheidungsspielraum und verfolgt bei der Verhandlung eine Zielsetzung. Für den Ablauf der Verhandlungen können unterschiedliche Verhandlungsmuster angewendet werden, wie z. B. die bilaterale Verhandlung, die Auktion oder die Ausschreibung. Überlappen im Verhandlungsablauf die Entscheidungsspielräume der Agenten, entsteht eine sogenannte nichtleere Kontraktzone und es kann zum Abschluß eines Vertrages zwischen Server und Client über die Erfüllung der angefragten Leistung kommen. Vertiefende Literatur zu agentenbasierten Verfahren findet sich in /ALB-92b, BEC-93, JEN-95, MAN-97/.

Beispiel für den Einsatz agentenbasierter Verfahren in der Produktionsplanung und -steuerung ist die Grobplanung eines Produktionsprogramms durch den Abschluß von Rahmenverträgen zwischen dem Auftrags- und dem Montageagenten sowie dem Agenten für Materialwirtschaft. Ein anderes Beispiel beschreibt ein Verhandlungssystem, in dem Vertriebsagenten Fertigungsaufträge anbieten, die die Fertigungsagenten durch günstige Fertigungskosten und Terminzusagen akquirieren können /BEC-93/.

Für die Funktion der Auftragseinplanung kann ein agentenbasiertes Verfahren aufgebaut werden, indem durch Verhandlungen zwischen den Agenten versucht wird, eine optimale Auftragserfüllung und Belegung der Fertigungsressourcen zu erreichen. Für den Produktionstyp einer Serienfertigung wurde dies bereits dargestellt /MAN-97/. Verhandlungspartner sind hier Auftragsagenten, die die Interessen der Kundenaufträge vertreten, die Bearbeitungsagenten, die Organisationseinheiten repräsentieren und Lageragenten, über die die Verfügbarkeit von Fertigungsmaterialen abgebildet wird. In die Verhandlungen werden die Ziele der Durchlaufzeit, der Termintreue und der Bestandsreduzierung in Form von Kostenfunktionen berücksichtigt und je nach Zielrichtung den verschiedenen Agenten zugewiesen. Zur Lösung der Aufgabenstellung der Terminplanung führen die Agenten nun untereinander lokale Verhandlungen über die Zuteilung von Fertigungsmaterialien und Bearbeitungskapazitäten, wobei jeder Agent versucht seine Zielsetzung bestmöglich auf das Verhandlungsergebnis zu übertragen. Das Verfahren wurde prototypisch realisiert, jedoch nicht mit anderen Verfahren zur Auftragseinplanung verglichen und bewertet.

Allgemein kann ausgesagt werden, daß die Lösungsansätze der Auftragseinplanung mit agentenbasierten Verfahren sich noch im Forschungsstadium befinden und derzeit noch schwierig zu bewerten sind. Agenten versuchen über die Verhandlungen untereinander jeweils ihre Zielfunktionen zu optimieren. So entsteht eine Vielzahl von Teiloptima aus lokalen Verhandlungen heraus. Es ist fraglich und nicht nachgewiesen, daß die Summe der Teiloptima für das gesamte Produktionssystem ein Gesamtoptimum ergibt. Zudem muß für die Modellierung eines agentenbasierten Verfahrens ein hoher Aufwand bei der Modellierung des Produktionssystems betrieben werden. Auch der Ablauf des Verfahrens durch die Vielzahl und Intensität der Verhandlungen ist für einen anforderungsgerechten Praxiseinsatz derzeit noch nicht geeignet. Allerdings kann durch die Übertragung der Ziele der Fertigungssteuerung auf die Agenten und die Berücksichtigung der Ziele als Gegenstand der Verhandlungen ein zielorientiertes Vorgehen zugeordnet werden.

4.2.4 Simulationsbasierte Verfahren

„Simulation ist die Nachbildung eines dynamischen Prozesses in einem Modell, um zu Erkenntnissen zu gelangen, die auf die Wirklichkeit übertragbar sind" /VDI-83/. I. d. R. wird dazu ein System, die Realität, durch ein anderes System, das Modell, abgebildet, um an bzw. mit dem Modell Experimente durchzuführen. Durch Techniken wie Objektorientierung, Hierarchisierung oder Parametrierung sind simulationsbasierte Verfahren heute in der Lage, hochkomplexe Systeme abzubilden /MIL-96/ und entsprechend breit gefächert sind auch die Anwendungsfelder in der Produktionswirtschaft[61].

Simulationsbasierte Verfahren unterscheiden sich von den bisher aufgeführten Näherungsverfahren dadurch, daß sie nicht den Eröffnungsverfahren, die durch den einmaligen Verfahrensablauf eine Lösung generieren, zuzuordnen sind. Sie gehören zu den iterativen Verfahren, die ausgehend von einer Ausgangslösung diese weiter zu verbessern versuchen. Dabei führen die wesentlichsten Ablaufschritte

- Bildung von Lösungsvarianten,

- Elimination von Schwachstellen der Lösungen und

- Auswahl der besten Lösung zur weiteren Optimierung

zu einer optimierten Lösung. Optimierte Lösung heißt hierbei, daß die Zielkriterien für die zugrundeliegende Problemstellung in der letztendlich ausgewählten Lösung am besten erfüllt sind.

---

[61] Ansatzpunkte für Simulationsanwendungen ergeben sich im gesamten Bereich der Leistungserstellung. Einige der wesentlichsten sollen im folgenden stichwortartig angeführt werden: Produktentwicklung, Prozessentwicklung, Unternehmensmodellierung, Fabrik- und Layoutplanung, Materialflußoptimierung, Produktprogrammplanung, Instandhaltungsmanagement, Qualitätssicherung und -management, etc..

Für die Beendigung des Optimierungskreislaufs ist ein Abbruchkriterium[62] zu wählen, ab welchem die Optimierung der Lösung abgebrochen werden soll und der bis dahin „beste" Plan freigegeben werden soll.

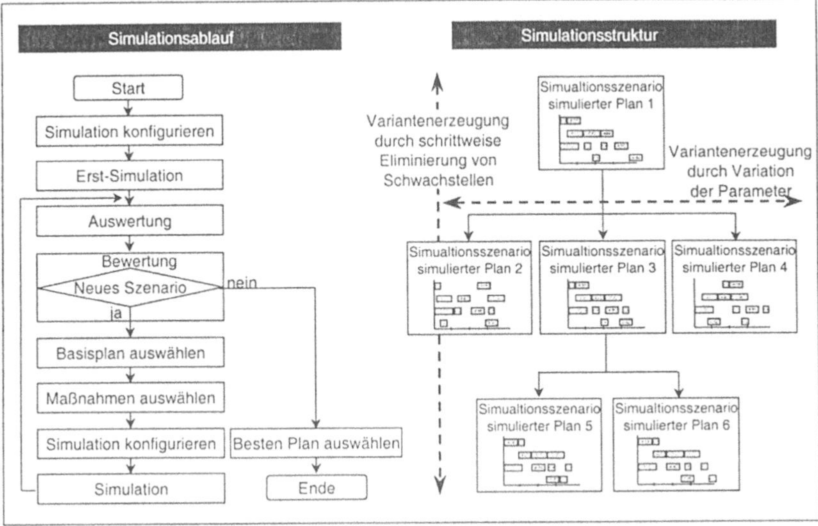

Abbildung 4-4   Ablauf und Struktur simulationsbasierter Verfahren zur Auftragseinplanung[63]

Simulationsbasierte Verfahren kommen den Anforderungen an eine zielorientierte Auftragseinplanung sehr nahe. Insbesondere durch die Bewertung der erzeugten Lösungen mit Zielkriterien ist es möglich, ein spezifisches Zielsystem mit entsprechender gegenseitiger Gewichtung der Ziele abzubilden und zu dynamisieren. Desweiteren sind die gegebenen Rahmenbedingungen im Funktionsablauf der Produktionsplanung und -steuerung bei der Erzeugung neuer Simulationsszenarien zu berücksichtigen.

Allerdings ist der eigentliche Verfahrensablauf nicht zielorientiert, sondern ähnelt mit den Verfahrensschritten der Variation und der Selektion eher dem Try-and-Error-Prinzip /MAL-89/. Erst durch die Bewertung mit den Zielkriterien werden die erzeugten Lösungen mit den Zielen in Bezug gebracht und über weitere Iterationsschleifen in Richtung einer besseren Zielerreichung zu verbessern versucht. Ob dadurch im Vergleich zweier Planungsläufe ein kongruentes Verhalten von Zielgewichtungen und Zielkomponenten des Planungsergebnisses erreicht werden kann, ist keineswegs gesichert, da dies sehr

---

[62] Als Abbruchkriterium der Optimierung stehen verschiedene Möglichkeiten offen, die sich gegenseitig nicht ausschließen:
- Erreichung der Zielwerte,
- Begrenzung der Simulationsversuche,
- Zeitliche Begrenzung und
- Mindest-Verbesserungsgrad der Lösungen.

[63] Vgl. hierzu /ZET-94/.

stark von der Ausgangskonfiguration der Simulation, der Strategie zur Eliminierung von Schwachstellen der erzeugten Lösungen und dem definierten Abbruchkriterium der Simulation abhängt.

4.2.5 Evolutionsbasierte Verfahren

Den evolutionsbasierten Verfahren sind genetische Algorithmen und Evolutionsstrategien zuzuordnen.
Sie basieren auf den Forschungsergebnissen aus dem Bereich der biologischen Evolution und sind in
Verfahrensablauf und Struktur den Simulationsverfahren ähnlich. Auch hier wird, ausgehend von einer
Anfangslösung, die z. B. durch ein Eröffnungsverfahren erzeugt wird, eine kleine Änderung dieser
Lösung durchgeführt. Diese Änderung wird durch genetische Operatoren, deren wichtigste die Re-
kombination, die Mutation und die Selektion sind, erzeugt. Bringt die Änderung eine Verbesserung,
wird die Lösung beibehalten und im nächsten Iterationsschritt weiter verändert. Der Vergleich der
erzeugten Lösung wird anhand eines Fitneßwertes[64] durchgeführt, der sowohl die Zielfunktion und die
Randbedingungen der Problemstellung in einem Wert abbildet /KIN-94/, /ZIM-85/.

In der Auftragseinplanung sind noch sehr wenige evolutionsbasierte Verfahren bekannt. Schulte ent-
wickelte ein Verfahren zur Werkstattsteuerung mit genetischen Algorithmen unter Einbindung einer
Simulationskomponente. Ausgehend von der aktuellen Belegung der Fertigungsressourcen wird eine
Ausgangslösung an eingeplanten Produktionsaufträgen erzeugt. Anschließend werden in endlichen
Iterationsschritten einerseits durch genetische Algorithmen neue Lösungen erzeugt, die andererseits
durch die Simulationskomponente bewertet werden /SCH-95a/.

In der Bewertung sind die evolutionsbasierten Verfahren den simulationsbasierten Verfahren gleichzu-
setzen.

Abbildung 4-5 zeigt zusammengefaßt die Bewertung der in Kapitel 4 vorgestellten Verfahren zur
Auftragseinplanung gemessen an den Anforderung an eine zielorientierte Auftragseinplanung, wie sie
in Kapitel 3 aufgestellt wurden.

---

[64] Der Begriff der Fitneß ist der biologischen Evolutionsforschung entnommen. Er beschreibt, wie gut ein Individuum an seine jeweilige Umgebung angepaßt ist. Befinden sich zwei unterschiedliche Individuen in einer Kon-
kurrenzsituation in der gleichen Umgebung, hat das besser angepaßte Individuum - das fittere - die besseren
Überlebenschancen. Bei evolutionsbasierten Verfahren beschreibt die Fitneß demnach die Güte einer Lösung

		Optimierungsverfahren	Prioritätsregeln	Expertensystembasierte V.	Agentenbasierte V.	Simulationsbasierte V.	Evolutionsbasierte V.
Legende: - nicht erfüllt 0 bedingt erfüllt + erfüllt ++ vollstens erfüllt							
Anforderungen an die Abbildung der Ziele	• Übertragung von Zielen	+	0	0	++	+	+
	• Dynamische Abbildung und Anpassung der Ziele	+	-	-	0	+	+
	• Gegenseitige Gewichtung der Ziele	++	-	0	0	+	+
Anforderungen an die Zielorientierung bei der Auftragseinplanung	• Berücksichtigung PPS-Rahmenbedingungen	++	++	0	+	++	++
	• Berücksichtigung der gewichteten Ziele während des Verfahrensablaufs	++	-	0	++	-	-
	• Begrenzter Rechenaufwand	-	++	+	-	0	0
Anforderungen an das Messen und Bewerten von Randbedingungen und Planungsergebnis	• Unabhängigkeit von Problemstruktur	0	-	0	-	0	0
	• Messung und Bewertung des Planungsergebnisses bzgl. der Zielkomponeneten	0	-	-	0	++	++
	• Sicherstellung des Kongruenzverhaltens	+	-	-	0	0	0

Abbildung 4-5   Zusammenfassende Bewertung der Eignungsfähigkeit von Auftragseinplanungsverfahren für eine zielorientierte Auftragseinplanung

Zusammenfassend kann festgehalten werden, daß die existierenden mathematisch-exakten und heuristischen Verfahren zur Auftragseinplanung zwar in jeweils einzelnen Kriterien den gestellten Anforderungen an ein Verfahren zur zielorientierten Auftragseinplanung genügen, allerdings nicht durchgängig über alle Anforderungsbereiche. Daher ist ein Verfahren zu entwickeln, welches die in Kapitel 3 dargestellten Anforderungen erfüllt.

5 Zielsetzung und Methodik

Ziel der vorliegenden Arbeit ist es, ein Verfahren zur zielorientierten Auftragseinplanung auf Basis dynamischer Zielprioritäten zu entwickeln. Das Verfahren soll, wie in Kapitel 2 abgeleitet, insbesondere teilautonome Leistungseinheiten in dezentralen Produktionsstrukturen[65] bei der Aufgabenstellung der kurzfristigen Produktionsplanung und -steuerung unterstützen.

Ist die Komplexität der Aufgabenstellung gering und für die teilautonome Leistungseinheit beherrschbar, d. h. liegen überschaubar viele Produktionsaufträge vor, die auf begrenzt viele Fertigungsressourcen eingeplant werden müssen, sollen durchaus einfache Verfahren der Auftragseinplanung zur Anwendung kommen. Unter einfachen Verfahren werden im Rahmen dieser Arbeit Verfahren verstanden, die ohne algorithmische Unterstützung bzw. mit unmittelbar nachvollziehbaren Algorithmen, die Aufgabenstellung der Auftragseinplanung lösen. Dies entspricht den Grundprinzipien teilautonomer Leistungseinheiten und dezentraler Konzepte zur Produktionsplanung und -steuerung, insbesondere in deren kurzfristigen Funktionen.

Gerade aufgrund der häufig auftretenden Störungen in der Durchsetzung der Produktionspläne wird durch diese Prinzipien eine Autonomie und Handlungsfähigkeit in teilautonome Leistungseinheiten verlagert, so daß selbständig eine schnelle und angepaßte Reaktion auf die Störungen erfolgen kann. Ganz besonders gilt dies für die logistische Auftragsabwicklung und somit für die Bestimmung der Reihenfolge der Abarbeitung der Produktionsaufträge an den Fertigungsressourcen. Beeinflußt werden hierdurch sowohl die ressourcen- als auch die auftragsbezogenen Ziele einer teilautonomen Leistungseinheit und gleichwohl des gesamten Unternehmens. Gelten die Anforderungen an eine überschaubare und beherrschbare Komplexität ist demnach der Einsatz einfacher Verfahren zur Auftragseinplanung im Sinne einer schnellen Reaktionsfähigkeit durchaus gewünscht. Gerade einfache Verfahren gewährleisten diese schnelle Reaktionsfähigkeit, auch wenn davon ausgegangen werden muß, daß unter Umständen ein algorithmisch basiertes Verfahren ein besseres Ergebnis bzgl. der Ziele der Fertigungssteuerung erreicht hätte.

Darüber hinaus gibt es eine weitere Argumentation für den Einsatz einfacher Verfahren. Durch den Aufbau teilautonomer Leistungseinheiten wird versucht, das Unternehmen in dezentrale und überschaubare Organisationseinheiten zu strukturieren[66]. Damit verbunden ist die Zielsetzung, durch die Überschaubarkeit der Problemstellungen, die Mitarbeiter sehr viel stärker in die betrieblichen Prozesse einzubeziehen und dabei ihr Wissen zu nutzen. Sie werden sehr viel stärker als bei zentralistisch und

---

[65] Aufgrund der Vielfältigkeit unterschiedlicher Unternehmenstypen soll da Verfahren zur zielorientierten Auftragseinplanung nicht den Anspruch auf Allgemeingültigkeit erheben, sondern insbesondere auf dezentrale Produktionsstrukturen beim Produktionstyp Einzel- und Kleinserienfertiger beschränkt bleiben. Darüber hinausgehende Anforderungen sind nicht typisch und werden deshalb nicht berücksichtigt.

[66] Siehe hierzu 2.2.1 Dezentrale, teilautonome Leistungseinheiten

tayloristisch ausgeprägten Organisationsformen gefordert, ihr technologisches und organisatorisches Know-How in die Ausführungs- und Planungsprozesse einzubringen. Dies gelingt sicher nicht, wenn die Planungsfunktionen von Verfahren übernommen werden, deren Verfahrensablauf für die Mitarbeiter nicht nachvollziehbar ist. Das Verfahren stellt für die Mitarbeiter dann, wie bisher eine zentrale Planungsabteilung, eine Instanz dar, die ihre spezifischen Belange nicht berücksichtigt und das Planungsergebnis wird in seiner Richtigkeit für die teilautonomen Leistungseinheit angezweifelt. Wird dieses Prinzip der Fremdbestimmung durch ein nicht nachvollziehbares Verfahren verlassen und werden einfache Verfahren eingesetzt, die für die Mitarbeiter der teilautonomen Leistungseinheit transparent sind, in denen sie ihre betrieblichen Belange berücksichtigt sehen und den Verfahrensablauf gegebenenfalls noch selbst beeinflussen können, wird ein Prinzip der Eigenbestimmung erzeugt. Die Akzeptanz des Planungsergebnisses ist nun vollständig gegeben, da es sich um ein eigenerzeugtes Ergebnis handelt. Das Ergebnis mit der bestmöglichen Nutzung des vorhanden Wissens der Mitarbeiter zu ermitteln, wird somit zum Eigeninteresse der teilautonomen Leistungseinheit.

Das Prinzip der Eigenbestimmung hat jedoch noch über den Planungsprozess hinaus Bedeutung. Die teilautonome Leistungseinheit wird in der Umsetzungsphase des Produktionsplans alles daransetzen, die Vorgaben des eigenerzeugten Planungsergebnisses auch vollständig zu erreichen. Vorbeugende Maßnahmen zur Störungsvermeidung werden angestoßen und verantwortlicher ausgeführt. Auch die Bereitschaft persönliche Flexibilität einzubringen, etwa in Form von Mehrarbeit, steigt.

Der Einsatz einfacher Verfahren zur Auftragseinplanung für teilautonome Leistungseinheiten hat also unter den Voraussetzungen einer beherrschbaren Komplexität der Problemstellung klare Vorteile, die hauptsächlich darauf beruhen, dem Grundansatz teilautonomer Leistungseinheiten entsprechende Planungsverfahren zur Verfügung zu stellen.

Die Komplexität der Aufgabenstellung kann jedoch häufig einen gewissen Schwellwert überschreiten. Dies ist der Fall, wenn durch die teilautonome Leistungseinheit eine zu große Anzahl an Produktionsaufträgen oder Fertigungsoperationen eingeplant werden muß oder die Anzahl der zu beplanenden Fertigungsressourcen zu groß wird. Einfache Verfahren zur Auftragseinplanung sind unter diesen Voraussetzungen nicht mehr einsetzbar, da sie nicht mehr gewährleisten können, schnell auf Störungssituationen reagieren zu können und gleichzeitig ein vertretbar gutes Planungsergebnis zu liefern. Für diese Problemstellung ist es notwendig, ein algorithmisch unterstütztes Verfahren bereitzustellen, daß dem Umfeld teilautonomer Leistungseinheiten entspricht. Dies soll im Rahmen dieser Arbeit durch die Entwicklung eines zielorientierten Verfahrens zur Auftragseinplanung für teilautonome Leistungseinheiten erfolgen.

Um die Auftragseinplanung für teilautonome Leistungseinheiten vollständig darzustellen, umfaßt der Untersuchungsbereich der vorliegenden Arbeit mehrere Teilbereiche. Zum einen wird die Funktion der Auftragseinplanung im Umfeld teilautonomer Leistungseinheiten betrachtet, mit den damit verbundenen Handlungsspielräumen und Freiheitsgraden für teilautonome Leistungseinheiten und der Koordination des Auftragsdurchlaufs in dezentralen Strukturen. Zum anderen werden einfache Verfahren zur Auftragseinplanung dargestellt, die insbesondere für teilautonome Leistungseinheiten geeignet sind. Schwerpunkt der Arbeit ist die Entwicklung eines algorithmisch unterstützten Verfahrens, der zielorientierten Auftragseinplanung für teilautonome Leistungseinheiten.

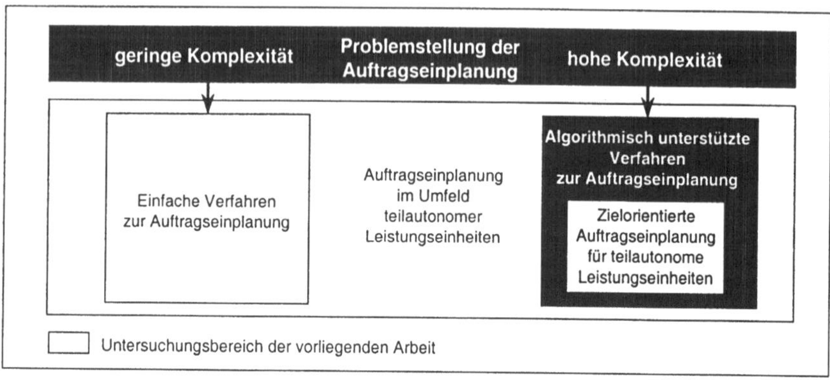

Abbildung 5-1   Untersuchungsbereich der Arbeit

Die folgenden Ausführungen stellen die Methodik und die Lösungsidee zur Entwicklung eines algorithmisch unterstützten Verfahrens zur zielorientierten Auftragseinplanung für teilautonome Leistungseinheiten dar.

Die in Kapitel 3 aus der Untersuchung der Problemstellung heraus aufgestellten Anforderungen an ein algorithmisch unterstütztes Verfahren zur zielorientierten Auftragseinplanung zeigen, daß ein Verfahren so aufzubauen ist, daß für eine teilautonome Leistungseinheit die terminliche Einplanung von Fertigungsaufträgen auf die Fertigungsressourcen „bestmöglich" erfolgt. Diese Anforderung führt zu zwei Konsequenzen für das Verfahren.

Einerseits hat das Verfahren vollständig die Funktion der Auftragseinplanung, also der zeitlichen Zuordnung von Arbeitsvorgängen zu Fertigungsressourcen unter Berücksichtigung der geltenden Restriktionen der Auftragseinplanung[67], zu erfüllen. Andererseits besteht die Anforderung, daß die Einplanung „bestmöglich" erfolgen soll. „Bestmöglich" bedeutet in diesem Zusammenhang, daß das Ergebnis der Auftragseinplanung der Zielsetzung der teilautonomen Leistungseinheit, im Vergleich zu allen anderen möglichen Planungsergebnissen, am ehesten entspricht. Das Verfahren hat also zwischen der spezifischen Zielsetzung einer teilautonomen Leistungseinheit und dem Planungsergebnis eine konkrete und beeinflußbare Beziehung aufzubauen.

---

[67] Siehe hierzu 2.1.1 Die Auftragseinplanung als Element der Produktionsplanung und -steuerung.

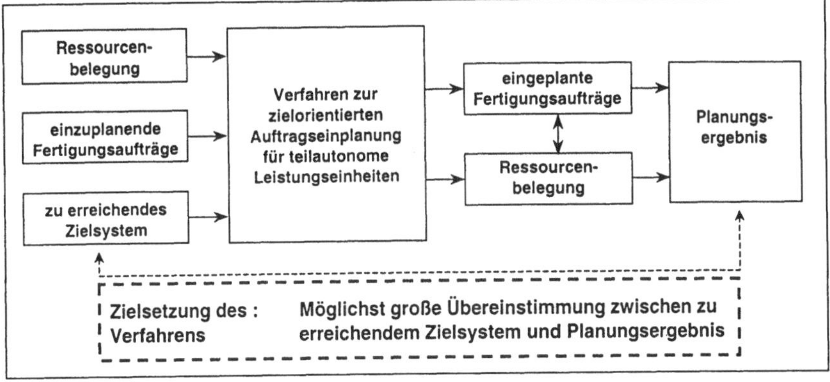

Abbildung 5-2   Erweiterte Darstellung der Auftragseinplanung und Zielsetzung des Verfahrens

Dazu muß die Möglichkeit zur Abbildung des Zielsystems einer teilautonomen Leistungseinheit geschaffen werden, um dessen dynamische Veränderungen aufzunehmen. Kapitel 3 zeigte deutlich, daß es im Umfeld des Gesamtunternehmens für eine teilautonome Leistungseinheit zwingend erforderlich ist, sich veränderten Situationen über eine Veränderung der Gewichtung der Ziele anpassen zu können.

Um das Ziel des Verfahrens, eine möglichst große Übereinstimmung des Ergebnisses der Auftragseinplanung mit der spezifischen Zielsetzung, zu erreichen, muß desweiteren beim Ablauf des Verfahrens die spezifische Zielsetzung der teilautonomen Leistungseinheit als steuernde Größe bei der Auftragseinplanung von Fertigungsaufträgen[68] auf die vorhandenen Ressourcen dienen. Damit ergibt sich eine erweiterte Darstellung der Auftragseinplanung, Abbildung 5-2, in der die Eingangsgrößen der Auftragseinplanung erweitert werden, um die Zielsetzung einer teilautonomen Leistungseinheit.

Die Einbindung des Verfahrens im Funktionsablauf der Produktionsplanung und -steuerung bleibt im Vergleich zu konventionellen Verfahren unverändert. Es übernimmt die kurzfristige, terminliche Feinplanung von Fertigungsaufträgen, die bereits durch eine Grobplanung kapazitiv abgeglichen sind. Rückmeldungen aus der Fertigung werden in das Verfahren übergeben, um die zur Ressourcenbelegung notwendige Verfügbarkeit der Fertigungsressourcen darzustellen und zu berücksichtigen. Ergebnis des Verfahrens sind einerseits die eingeplanten Fertigungsaufträge mit den ermittelten planmäßigen Beginn- und Endterminen in Form eines Produktionsplans und andererseits die planerische Belegungssituation der Fertigungsressourcen.

Insbesondere für die Anforderungen der dynamischen Abbildung von Zielen und deren Berücksichtigung im Verfahrensablauf wurden im Kapitel 4 Defizite im Stand der Technik abgeleitet. Desweiteren

---

[68] In der vorliegenden Arbeit wird davon ausgegangen, daß bereits ein Grobabgleich des auftragsbezogenen Kapazitätsbedarfs mit dem in der teilautonomen Leistungseinheit verfügbaren Kapazitätsangebot im Rahmen einer langfristigen Kapazitätsplanung vorgenommen wurde.

zeigte Kapitel 4 auf, daß es aufgrund der Komplexität der Problemstellung nicht mit vertretbarem Berechnungsaufwand möglich ist, optimale Lösungen zu ermitteln. Insbesondere im Einsatzbereich der kurzfristigen Produktionsplanung und -steuerung ist dies von entscheidender, nachteiliger Bedeutung, da hier häufig ereignisorientiert und unter hohen Anforderungen an die Reaktionszeit eines Verfahrens aktualisierte Produktionspläne erforderlich sind.

Zur Lösung der Problemstellung wird ein dreistufiges, heuristisches Verfahren vorgeschlagen, das als Eröffnungsverfahren /SCH-89/ zu betrachten ist und unter Berücksichtigung gewichteter Ziele einen Produktionsplan ermittelt, sowie eine Messung und Bewertung des Planungsergebnisses durchführt. Die Stufen des Verfahrens zur zielorientierten Auftragseinplanung für teilautonome Leistungseinheiten sind:

- die Abbildung der Ziele

- die Zielorientierung bei der Auftragseinplanung und

- das Messen und Bewerten von Randbedingungen und Planungsergebnis.

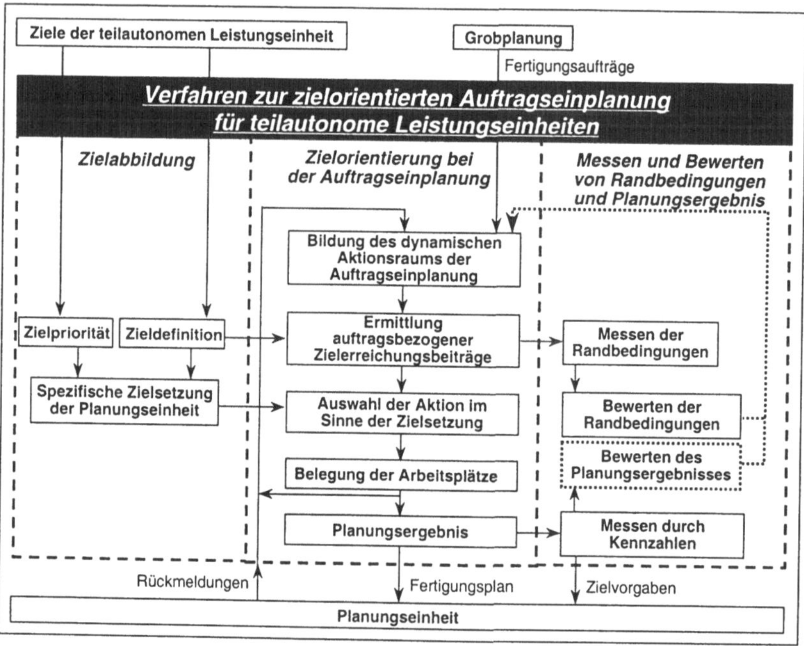

Abbildung 5-3   Gesamtkonzept zur zielorientierten Auftragseinplanung für teilautonome Leistungseinheiten

Erster Schritt des Verfahrens ist die Abbildung der Ziele, die abgeleitet aus der Zieldefinition und der Zielpriorität eine spezifische Zielsetzung der teilautonomen Leistungseinheit zum Ergebnis hat.

Im Rahmen der Zielorientierung bei der Auftragseinplanung werden im zweiten Verfahrensschritt auftragsbezogene Zielerreichungsbeiträge gebildet, deren Definition von der übergeordneten Zieldefinition[69] abhängen. Beeinflußt durch die spezifische Zielsetzung der teilautonomen Leistungseinheit kann somit dann die Auswahl eines Fertigungsauftrags erfolgen. Anhand des Auswahlergebnisses wird die Ressourcenbelegung durchgeführt. Das Verfahren lehnt sich hierbei an die bewährte Vorgehensweise der Auftragseinplanung mit Zielprioritäten[70] an.

Das Messen und Bewerten von Randbedingungen und des Planungsergebnisses ist, aufsetzend auf die vollständige Ressourcenbelegung, der dritte und abschließende Verfahrensschritt, der zur Anpassung und Sicherstellung des Verfahrens bzgl. unternehmensspezifischer Gegebenheiten notwendig ist. Hierzu wird über die Messung der Zielerreichung in Form von Kennzahlen eine Planungsgüte ermittelt, die es erlaubt, Parameter der Methode anzupassen und zu optimieren. Die Messung des Planungsergebnisses erfolgt weiterhin, zur Übergabe von Zielvorgaben für die Auftragsdurchsetzung und als Bewertungsmaßstab für die spätere tatsächlich Zielerreichung.

Die Auswahl eines Fertigungsauftrages unter Berücksichtigung einer spezifischen Zielsetzung, wie oben angeführt, überträgt den Zielkonflikt der gesamten Problemstellung, also der Verfolgung mehrerer, sich teilweise widersprechender Ziele, auf eine lokale Entscheidungssituation zu einem bestimmten Planungszeitpunkt. Gelingt es, in dieser Situation, die Entscheidung, unter Verwendung von Entscheidungskriterien zu treffen, die den Zielen entsprechen, und nicht aufgrund anderer, sekundärer Entscheidungskriterien, ist davon auszugehen, daß die gesamte Problemstellung in gleicher Weise gelöst wird.

Die Lösungsidee überträgt also die Gesamtproblemstellung der zielorientierten Auftragseinplanung auf eine lokale Problemstellung. Durch eine Transformation der Ziele der Gesamtproblemstellung auf Ziele in einer lokalen Entscheidungssituation des Verfahrensablaufs, ist das Verfahren bzgl. seines Gesamtergebnisses abgesichert. Der Definition der Entscheidungskriterien in der lokalen Entscheidungssituation und des im Verfahren angewendeten Modells der Entscheidungstheorie kommt dabei entscheidende Bedeutung zu, um die Übertragbarkeit des lokalen Ergebnisses auf das Gesamtergebnis zu gewährleisten. Für das zu entwickelnde Verfahren wird ein zielorientiertes Entscheidungsmodell bei qualitativen Zielen /FEL-92/ gewählt, da es im Verfahrensablauf dazu verwendet werden kann, die Anwendung sekundärer Entscheidungskriterien auszuschließen. Bild 5-4 zeigt das verwendete Entscheidungsmodell in Verknüpfung mit den Konstrukten des Produktionsmodells.

---

[69] Im Rahmen dieser Arbeit werden, wie in Kapitel 2 ausgeführt, die klassischen Ziele der Produktionsplanung und -steuerung, kurze Durchlaufzeiten, hohe Termintreue, hohe Kapazitätsauslastung und niedrige Bestände als erstrebenswert angenommen /WIE-96/. Sie können jedoch für spezifische Anwendungen auch erweitert bzw. unternehmensspezifisch angepaßt werden, ohne daß der grundsätzliche Verfahrensablauf verändert werden muß.

[70] Siehe Kapitel 4.2.1.

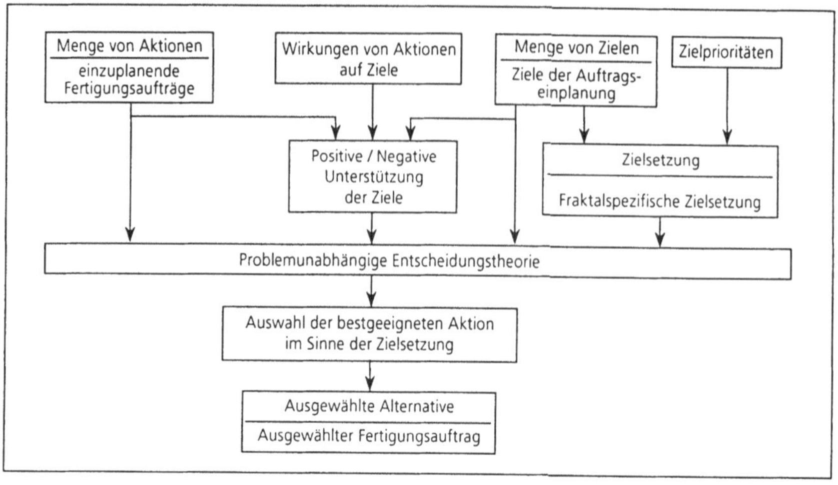

Abbildung 5-4   Entscheidungsmodell[71]

Ausgehend von den Erkenntnissen aus dem Stand der Technik werden in Kapitel 6 die Modellelemente des Produktionssystems und die Grundlagen des Lösungsverfahrens entwickelt. Dabei werden insbesondere die Vorgehensweise zur Ableitung von Entscheidungskriterien für lokale Entscheidungssituationen und die Grundlagen der Entscheidungstheorie ausgeführt und den künftigen Verfahrensschritten zugeordnet.

In Kapitel 7 wird der entwickelte Verfahrensablauf, d. h. das Zusammenspiel der in Kapitel 6 entwickelten Verfahrensgrundlagen dargestellt. Dabei sind die Verfahrensschritte Zielabbildung, Zielorientierung im Verfahrensablauf und des Messens und Bewertens von Randbedingungen und Planungsergebnis zu unterscheiden. Der Verfahrensschritt der Zielabbildung (Kap. 7.1) umfaßt die Definition und Gewichtung der Einzelziele. Teilschritte der Zielorientierung bei der Auftragseinplanung (Kap.7.2) sind die Bildung eines dynamischen Aktionsraums, die Bildung normierter, auftragsbezogener Zielerreichungsbeiträge und die Auswahl einer Fertigungsoperation. Abschließender Schritt des Verfahrens (Kap.7.3) ist das Messen und Bewerten von Randbedingungen und des Planungsergebnisses durch Kennzahlen.

Die Untersuchung des praktischen Einsatzes des Verfahrens in Kapitel 8 bildet den abschließenden Schritt dieser Arbeit. Anhand einer Pilotanwendung soll versucht werden, den Nutzen des Verfahrens aufzuzeigen, um so eine Verifizierung der Methodik in der Praxis zu erhalten.

---

[71] Vgl. /FEL-92/.

6 Grundlagen des Verfahrens zur zielorientierten Auftragseinplanung

Die Modellierung des Verfahrens zur zielorientierten Auftragseinplanung erfordert die Abbildung aller problemrelevanter Objekte und Eigenschaften des realen Produktionssystems in einem formalen Modell[72].

Die Beschreibung von Objekten und möglichen Objektzuständen des Produktionssystems, unabhängig von den zeitvarianten Vorgängen wird in einem statischen Modell vorgenommen. Zur Zuweisung mengen- und terminbezogener Attribute zu den Objekten des statischen Modells wird ein dynamisches Modell erstellt.

Der der Modellierung zugrundeliegende Produktionsprozeß beeinflußt das Modell zur Auftragseinplanung. Bei unterschiedlicher Betrachtungsweise von Betriebsmitteln, Personal und Produktionsaufträgen ergeben sich durch die Abhängigkeit von der zugrunde liegenden Produktionsstruktur entsprechend unterschiedliche Modellvarianten. Das bedeutet, daß die Verfahrensbausteine der Auftragseinplanung abhängig von der Produktionsstruktur zu modellieren sind. Hieraus abgeleitet wird im folgenden zunächst ein Modell mit einer statischen und dynamischen Betrachtung des zugrunde liegenden Produktionssystems der auftragsbezogenen Einzel- und Kleinserienfertiger mit teilautonomen Leistungseinheiten entwickelt.

Die Bildung dezentraler, teilautonomer Leistungseinheiten und ein darauf angepaßter dezentraler Aufbau der Produktionsplanung und -steuerung ermöglicht für die Funktion der Auftragseinplanung den Einsatz einfachster und nicht algorithmisch unterstützter Verfahren. Zudem kann und sollte die teilautonome Leistungseinheit im Vorfeld des Verfahrens und bei vorliegendem Planungsergebnis ihre hohe Fachkompetenz einbringen. Sie ist aufgefordert, eigenverantwortliche Entscheidungen zu treffen und Maßnahmen zu einer höheren Zielerreichung einzuleiten. Hierbei kann sie auch über ihren eigenen Aktionsraum hinausgehen und durch die Abstimmung mit angrenzenden Leistungseinheiten sowohl die ressourcen-, als auch die auftragsbezogenen Ziele positiv beeinflussen. Diesem Sachverhalt wird im Rahmen der Arbeit Rechnung getragen, indem unter der Beschreibung des Umfelds der Auftragseinplanung auf

- einfache und angepaßte Verfahren zur Auftragseinplanung,

- Handlungsspielräume und Freiheitsgrade und auf die

- Koordination in dezentralen Strukturen

eingegangen wird.

---

[72] Jedem Planungsverfahren liegt ein Modell des zu planenden Prozesses zugrunde, das die problemrelevanten Objekte und Eigenschaften des Prozesses abbildet und quantifiziert /CIM-92/.

Das im Kern dieser Arbeit zu entwickelnde Verfahren zur zielorientierten Auftragseinplanung für teilautonome Leistungseinheiten vervollständigt dieses Kapitel durch den Aufbau eines Modells zur zielorientierten Auftragseinplanung, d. h. es werden die Grundlagen der Verfahrensbausteine

- Abbildung der Ziele,

- Zielorientierung bei der Auftragseinplanung und

- Messen und Bewerten von Randbedingungen und Planungsergebnis

modelliert.

6.1 Das Modell des Produktionssystems

Die für die zielorientierte Auftragseinplanung relevanten Objekte und Eigenschaften des Produktionssystems werden im Modell des Produktionssystems abgebildet. Die Modellelemente lassen sich in statische und dynamische Elemente untergliedern. Die grundsätzliche Struktur des Produktionssystems wird in den statischen Elementen abgebildet. Sie sind innerhalb des Planungshorizontes unveränderlich. Die zeitveränderlichen Größen bezüglich der unterschiedlichen Kapazitätsbedarfe werden in dynamischen Elementen abgebildet.

6.1.1 Das statische Modell des Produktionssystems

Die statischen Elemente eines Produktionssystems, die für ein Modell eines Produktionssystems für die zielorientierte Auftragseinplanung benötigt werden, sind:

- die Produktionsstruktur,

- die zum Produktionssystem gehörenden Arbeitsplätze,

- die Produktionsaufträge,

- die im Produktionssystem durchführbaren Fertigungsoperationen eines Produktionsauftrags und

- die Arbeitsfolge der Fertigungsoperationen.

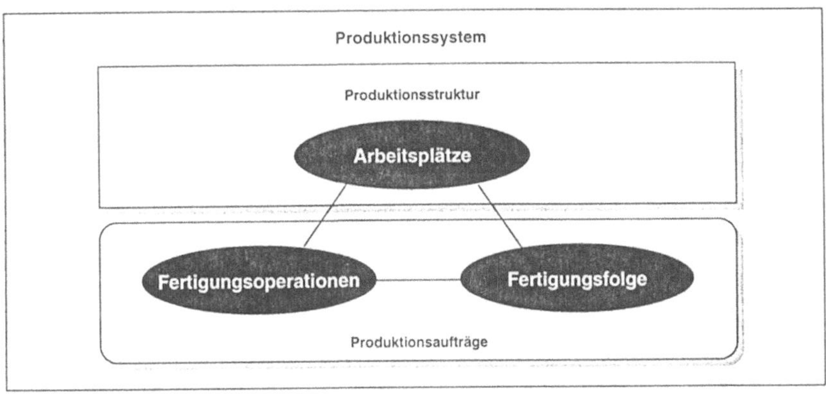

Abbildung 6-1   Statisches Modell des Produktionssystems

6.1.1.1 Produktionsstruktur

Aufgabe des Produktionssystems ist es, aus gegebenen Einsatzmaterialien im Rahmen der betrieblichen Leistungserstellung ein nachgefragtes Teil, eine Baugruppe oder ein Fertigerzeugnis herzustellen. Die Herstellung erfolgt über eine Bearbeitung an Arbeitsplätzen. Das Spektrum der Ausprägungen, die solche Arbeitsplätze annehmen können, reicht hierbei von

- manuellen Handarbeitsplätzen,

- konventionellen Werkzeugmaschinen,

- NC-, CNC- bzw. DNC-Maschinen,

- Bearbeitungszentren bis zu

- flexiblen Fertigungszellen[73].

Diese Ausprägungen von Arbeitsplätzen unterscheiden sich wesentlich, betrachtet man den Automatisierungsgrad der Bearbeitung. Allen Arbeitsplätzen gemeinsam ist, daß zu einem Zeitpunkt lediglich eine Fertigungsoperation ausgeführt werden kann.

Ein dezentrales Organisationskonzept eines Unternehmens kennzeichnet sich dadurch, daß ein Produktionssystem, also die Gesamtheit der Ressourcen die zur betrieblichen Leistungserstellung notwen-

---

[73] NC-, CNC- bzw. DNC-Maschinen sind Einverfahrensmaschinen mit manueller Werkstückbeschickung und NC-Programmierung. Ergänzt man diese Maschinen um automatische Werkzeugwechsler, so erhält man ein Bearbeitungszentrum, das in der Regel für Mehrverfahrensbearbeitung ausgelegt ist. Eine Erweiterung des Bearbeitungszentrums um einen Werkstückspeicher mit automatischer Maschinenbeschickung, eine Werkzeugvoreinstell- bzw. Korrekturvorrichtung sowie die Erweiterung des Werkstückspeichers auf das zur Bearbeitung sämtlicher Verfahren notwendige Fassungsvermögen führt zur flexiblen Fertigungszelle /KÄM-97/.

dig sind, in dezentrale Untereinheiten, sogenannte Produktionsbereiche gegliedert ist. Die Produktionsbereiche können eine weitere Unterstruktur besitzen, in der bestimmte Arbeitsplatzgruppen angesiedelt sind, die sich ihrerseits wieder bis auf Arbeitsplatzebene untergliedern. Die Zusammenfassung in Arbeitsplatzgruppen kann nach dem Werkstätten- bzw. nach dem Inselprinzip erfolgen. Die Arbeitsplätze stellen in diesem Modell die den Produktionsfortschritt begrenzenden Ressourcen dar.

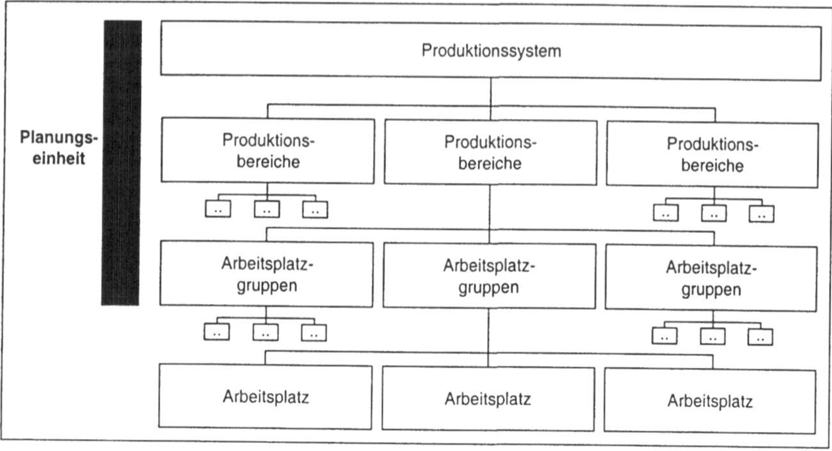

Abbildung 6-2   Produktionsstruktur des Produktionssystems

Auf welcher Ebene des Produktionssystems eine Organisationseinheit als teilautonome Leistungseinheit definiert wird, ist für das Verfahren zur zielorientierten Auftragseinplanung unerheblich, solange es sich um die Aggregation mehrerer Arbeitsplätze handelt. Deshalb ist es notwendig, bezüglich der Produktionsstruktur den Begriff der Planungseinheit einzuführen. Die Planungseinheit ist eine organisatorische Aggregation von Einzelarbeitsplätzen, die der Planungseinheit fest zugeordnet sind. Für das Verfahren der zielorientierten Auftragseinplanung ist es unerheblich, ob die Aggregation auf Ebene der Arbeitsplatzgruppen, der Produktionsbereiche oder des gesamten Produktionssystems vorgenommen wird.

6.1.1.2 Produktionsaufträge

Produktionsaufträge stellen den formalen Bedarf an zu produzierenden Teilen, Baugruppen oder Fertigerzeugnissen dar. Darunter fallen sowohl Bedarfsmengen, die aus direkten Kundenaufträgen entstehen, als auch Bedarfe, die aus vorhergehenden Planungsschritten der Produktionsplanung als Ergebnis resultieren. Dies sind einerseits prognostizierte Bedarfsmengen für Fertigerzeugnisse und andererseits Sekundärbedarfsmengen für Baugruppen und Einzelteile. Ein Produktionsauftrag ist gekennzeichnet durch eine bestimmte Menge an Fertigungsoperationen, die am Werkstück auszuführen sind. Die Reihenfolge der Ausführung der Fertigungsoperationen ist in der Fertigungsfolge der Fertigungsoperationen festgelegt.

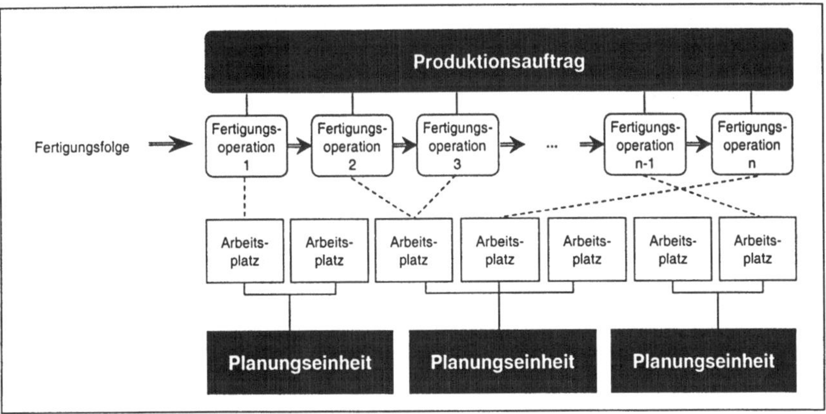

Abbildung 6-3   Struktur eines Produktionsauftrags

Jeder Fertigungsoperation ist ein Arbeitsplatz zugeordnet, an dem die Fertigungsoperation ausgeführt wird. Sind einer Fertigungsoperation mehrere Arbeitsplätze zugeordnet, handelt es sich um sogenannte Alternativarbeitsplätze, an denen die Fertigungsoperation gleichwertig ausgeführt werden kann. Gelten für die Alternativarbeitsplätze spezifische Abweichungen bei der Beschreibung der Fertigungsoperationen, beispielsweise bzgl. einer längeren Bearbeitungszeit, sind diese speziell vermerkt.

Die Beschreibung der Produktionsaufträge ist zu unterteilen in Merkmale, die den gesamten Produktionsauftrag und das herzustellende Teil, Baugruppen oder Fertigerzeugnis beschreiben:

- Produktionsauftragsnummer,
- Artikelnummer,
- Artikelbezeichnung,
- Auftragsmenge,
- Kundenwunschtermin,
- Arbeitsplannummer

und in beschreibende Merkmale zu einzelnen Herstellungsschritten, den Fertigungsoperationen:

- Fertigungsnummer,
- Beschreibung,
- Maschine,
- Rüstzeit und
- Stückzeit.

Desweiteren existieren zu den Produktionsaufträgen und den Fertigungsoperationen ergänzende Merkmale, die innerhalb der Auftagseinplanung verwendet werden, wie z. B. Kundenpriorität, Auftragswert, etc..

6.1.2   Das dynamische Modell des Produktionssystems

Das dynamische Modell des Produktionssystems verfügt nicht über eigene Objekte. Es bildet auf Basis der statischen Eigenschaften und Objekte des Produktionssystems zeitdynamische Systemzustände ab. Den statischen Objekten werden im dynamischen Modell des Produktionssystems dynamische Elemente in Form von Zeitleisten zugeordnet. Die Informationsklassen Verfügbarkeit, Bedarf und Belegung werden mit Hilfe von Zeitleisten für alle zur Leistungserstellung notwendigen Ressourcen abgebildet.

Der übergeordnete Bedarf an einem Fertigerzeugnis bzw. einer Baugruppe oder eines Teils wird in Form eines Produktionsauftrags dargestellt. Dieser übergeordnete Bedarf sollte bis spätestens zum Endtermin des Produktionsauftrags gedeckt sein. Die einzelnen Fertigungsoperationen des Produktionsauftrags verursachen einen Bedarf an freier Kapazität, und zwar jeweils an dem der Fertigungsoperation zugeordneten Arbeitsplatz. Die Bedarfshöhe wird durch die Arbeitsgangzeit der Fertigungsoperation abgebildet. Sie ermittelt sich aus der einmalig aufzuwendenden Rüstzeit und der nach Anzahl der Auftragsmenge mehrfach anfallenden Stückzeit.

Durch die Fertigungsfolge ist die zeitliche Abfolge der Fertigungsoperationen festgelegt, d. h., daß erst nach Beendigung einer Fertigungsoperation die darauffolgende beginnen kann. Eine Ausnahme hierzu bildet die Splittung von Produktionsaufträgen und die Überlappung von Fertigungsoperationen, die z. B. bei einer größeren Auftragsmenge vorgenommen werden kann. Der erste Teil der Auftragsmenge wird bereits der nächsten Fertigungsoperation zugeführt, während der restliche Teil noch innerhalb der vorhergehenden Fertigungsoperation bearbeitet wird.

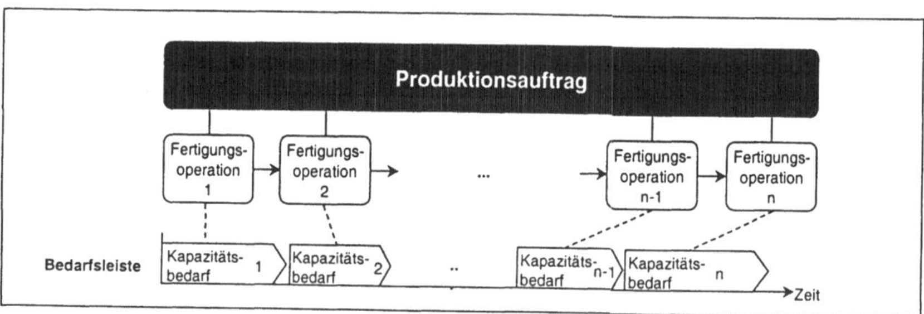

Abbildung 6-4   *Abbildung der Kapazitätsbedarfe eines Produktionsauftrags auf eine Bedarfsleiste*

Den Bedarfen an Fertigungszeit steht das Kapazitätsangebot der zur Leistungserstellung notwendigen Ressourcen gegenüber. Dies sind im Allgemeinen, die Arbeitsplatz- und die Personalkapazität. Im

Rahmen des zu entwickelnden Verfahrens wird ausschließlich die Arbeitsplatzkapazität als zu beplanende Ressource betrachtet, da die Personalkapazität aufgrund von nachgelagerten Vorgehensschritten auf das Planungsergebnis hin durch Maßnahmen wie Überstunden, Zusatzschichten, Kurzarbeit oder Arbeitsplatzwechsel angepaßt werden kann.

Die Arbeitsplätze haben entlang der Zeitachse zwei Zustände. Entweder sind sie durch Fertigungsoperationen die an ihnen ausgeführt werden belegt, oder sie sind nicht belegt, also besitzen freie Kapazität. Die Zustände der Arbeitsplätze werden auf Belegungsleisten abgebildet.

Die Dauer der Belegung resultiert aus der zeitlichen Länge der Fertigungsoperation. Sie beginnt mit dem Start der Fertigungsoperation und endet mit der Fertigstellung der Fertigungsoperation. Begrenzt ist das Kapazitätsangebot eines Arbeitsplatzes lediglich durch die Betriebszeit, z. B. bei 1-Schicht-Betrieb auf 8 Stunden. Hieraus ergibt sich die betriebliche Nutzungszeit des Arbeitsplatzes.

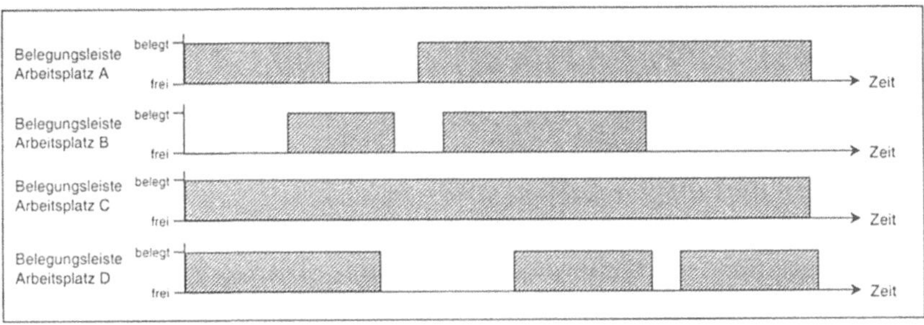

Abbildung 6-5   Belegungsleisten

Demnach sind die Arbeitsplätze zu jedem Zeitpunkt durch einen der Zustände ´frei´ oder ´belegt´ gekennzeichnet. D. h. die Kapazität ist zur Ausführung einer Fertigungsoperation verfügbar oder durch eine andere Fertigungsoperation belegt und erst zu einem späteren Zeitpunkt, nach Beendigung dieser Fertigungsoperation verfügbar.

6.2   Das Umfeld der Auftragseinplanung bei teilautonomen Leistungseinheiten

Nach der Einführung des statischen und dynamischen Modells des Produktionssystems soll anschließend das Umfeld der Auftragseinplanung bei teilautonomen Leistungseinheiten erfolgen. Die Ausführungen sind dabei jeweils von den Grundprinzipien einer dezentralen Ausrichtung der Produktionsplanung und -steuerung und dem Organisationsprinzip teilautonomer Leistungseinheiten geprägt.

Hierzu werden eingangs einfache und angepaßte, nicht algorithmisch unterstützte Verfahren zur Auftragseinplanung vorgestellt. Im Anschluß daran werden Handlungsspielräume und Freiheitsgrade bei der Auftragseinplanung erörtert. Abschließend wird behandelt, wie sich teilautonome Leistungseinheiten in dezentralen Strukturen koordinieren.

6.2.1 Einfache und angepaßte Verfahren zur Auftragseinplanung

Einfache und angepaßte Verfahren zur Auftragseinplanung sind für teilautonome Leistungseinheiten nur einsetzbar, wenn eine der folgenden Rahmenbedingungen gilt:

- geringe Komplexität der Aufgabenstellung der Auftragseinplanung,

- die Belegung von Fertigungsressourcen im Rahmen der Auftragseinplanung wird nicht nur von der kapazitiven Verfügbarkeit der Fertigungsressourcen bestimmt, sondern von weiteren Kriterien beeinflußt oder

- der Aufwand für die Auftragseinplanung durch ein algorithmisch unterstütztes Verfahren im Vergleich zum Nutzen des Planungsergebnisse zu hoch ist.

Für jede dieser Rahmenbedingungen soll an dieser Stelle ein einfaches, bzw. angepaßtes Verfahren zur Auftragseinplanung vorgestellt werden. Dabei wird jeweils das Planungsprinzip und das Verfahren im industriellen Einsatz dargestellt.

6.2.1.1 Manuelle Auftragseinplanung mit Abbildung der Belegungssituation

Bei der manuellen Auftragseinplanung werden Fertigungstermine durch einen für diese Funktion verantwortlichen Mitarbeiter der teilautonomen Leistungseinheit[74] festgelegt. Die Terminfestlegung erfolgt dabei ohne algorithmische Unterstützung. Lediglich durch ein Beauskunften der Bedarfssituation der Produktionsaufträge und der Belegungssituation der Fertigungsressourcen plant der Fertigungssteuerer, wann welcher Arbeitsgang an den Arbeitsplätzen ausgeführt wird.

Die Voraussetzungen für die manuelle Auftragseinplanung sind, daß sowohl ein statisches, als auch dynamisches Modell des Produktionssystems in der oben beschriebenen Ausprägung vorliegt:

- Abbildung der Produktionsstruktur,

- Abbildung der Produktionsaufträge mit Fertigungsoperationen und Fertigungsfolge,

- Darstellung der Bedarfssituation der Produktionsaufträge und

- Darstellung der Belegungssituation der Arbeitsplätze.

---

[74] Dieser Mitarbeiter wird im folgenden als Fertigungssteuerer bezeichnet (wobei es durchaus auch mehrere Mitarbeiter sein können, die diese Funktion ausüben). Sein Aufgabengebiet umfaßt in teilautonomen Leistungseinheiten die Planung und Steuerung des Auftragsdurchlaufs für die Produktionsaufträge und die Fertigungsressourcen einer teilautonomen Leistungseinheit. Desweiteren ist er für die Koordination und Kommunikation mit anderen teilautonomen Leistungseinheiten und mit übergeordneten Koordinationsinstanzen verantwortlich.

Die Aufgabe des Fertigungssteuerers ist es einen Produktionsplan zu erstellen, der es ermöglicht, die einzuplanenden Produktionsaufträge auf den vorhandenen Fertigungsressourcen zu bearbeiten. Dabei hat er die bestehenden Ecktermine der Produktionsaufträge zu berücksichtigen. Sind Fertigungsoperationen dieses Produktionsauftrags, die durch vorgelagerte teilautonome Leistungseinheiten bearbeitet werden, bereits terminlich geplant, steht der Produktionsauftrag erst ab einem frühest möglichen Einplanungszeitpunkt zur Verfügung. Haben nachgelagerte teilautonome Leistungseinheiten ihre Fertigungstermine bereits geplant, bzw. besteht zu dem Produktionsauftrag ein Kundenwunschtermin, den die teilautonome Leistungseinheit einzuhalten hat, muß ein spätest möglicher Fertigstellungstermin des Produktionsauftrags eingehalten werden. Diese Ecktermine und die Zeitbedarfe für die Fertigungsoperationen der teilautonomen Leistungseinheit können über die Bedarfsleiste des Produktionsauftrags beauskunftet werden.

Der Fertigungssteuerer hat nun innerhalb dieses Zeitfensters für die auszuführenden Arbeitsgänge, entsprechend der freien Kapazitäten der Arbeitsplätze, Fertigungsbeginntermine festzulegen. Zeiträume, in denen die Arbeitsplätze freie Kapazitäten besitzen, können über die Belegungsleisten der Arbeitsplätze beauskunftet werden.

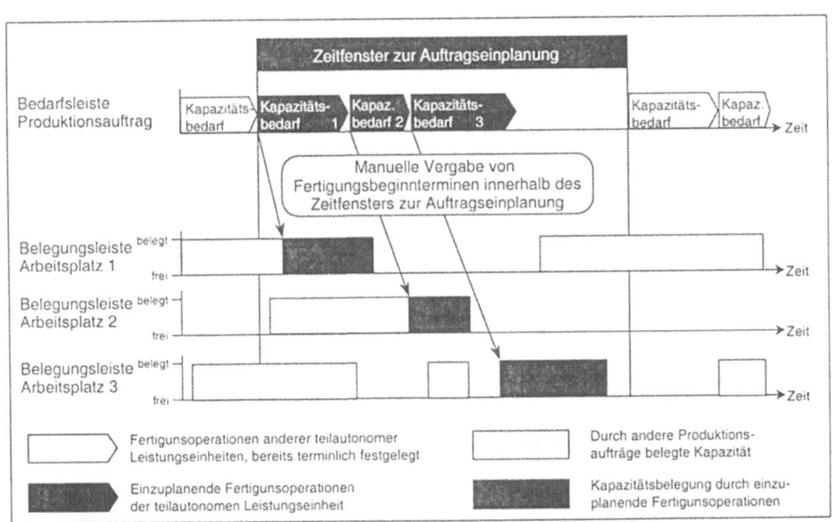

Abbildung 6-6   Grundprinzip der manuellen Auftragseinplanung

Um dieses einfache Verfahren für den industriellen Einsatz anwendungsgerecht auszugestalten, sind zahlreiche unterstützende Hilfsfunktionen in das Verfahren integrierbar:

- Zuordnung der zur Ausführung der Fertigungsoperationen relevanten Arbeitsplätze (ggf. mit Alternativarbeitsplätzen),

- graphische Darstellung des Zeitfensters zur Auftragseinplanung, sowohl für die einzelne, als auch für die Gesamtheit der einzuplanenden Fertigungsoperationen,

- graphische Darstellung der Bedarfsleisten der Produktionsaufträge,

- graphische Darstellung der Belegungsleisten der Arbeitsplätze,

- Konflikt-Visualisierung und -Prüfung bei der Einplanung auf bereits belegte Arbeitsplätze,

- Konflikt-Visualisierung und -Prüfung bei Überschreiten des Zeitfensters zur Auftragseinplanung, sowohl für die einzelne, als auch für die Gesamtheit der einzuplanenden Fertigungsoperationen,

- Ergänzung des Produktionsplans um Kommentare bzgl. Bearbeitung und Auftragsdurchlauf.

Das Grundprinzip der manuellen Auftragseinplanung erlaubt es dem Fertigungssteuerer zusätzliches Wissen in die Produktionsprogrammplanung einzubringen. Die obige Auflistung der unterstützenden Hilfsfunktionen macht deutlich, daß für die manuelle Auftragseinplanung eine transparente Darstellung der terminlichen Belegung der Arbeitsplätze und der Auswirkungen auf den Produktionsauftrag von großer Bedeutung sind. Gelingt dies, kann davon ausgegangen werden, daß die Problematik der Auftragseinplanung und der Umsetzung des Produktionsplans, dem Fertigungssteuerer während der Auftragseinplanung vollständig bewußt sind. Mit entsprechendem technologischen Wissen und Organisationsfähigkeit, ist er in der Lage, kritische und unkritische Prozesse und Abläufe zu lokalisieren und zu unterscheiden. Bei kritischen Situationen wird er sowohl Prozeß als auch Ablauf auf mögliche Schwachstellen und Störungsgefahren hinterfragen. Besteht die Möglichkeit diese kritischen Situationen auf der planerischen Ebene zu vermeiden, kann er dies sofort einleiten, indem er durch Umplanung die kritische Situation vermeidet.

Es muß jedoch davon ausgegangen werden, daß nicht alle Lösungsideen und Maßnahmen zur Störungsvermeidung nur auf der Planungsebene umgesetzt werden können. Deshalb sollte die Möglichkeit eröffnet werden, diese Maßnahmen im Produktionsplan über die Kommentierung einzelner Positionen zu verankern. Somit gelangt das Wissen um die Problematik der Situation während des Planungsprozesses in die Ausführungsebene und trägt hier zu einem störungsärmeren Produktionsprozeß bei. Beispiele hierfür können sein:

- Fertigungstoleranzen sind im Grenzbereich,

- Vorgegebene Maschinenparameter sind unbedingt einzuhalten,

- Erhöhte Ausschußgefahr,

- Überwachung der Bearbeitung notwendig, Leistungsparameter der Maschine im Grenzbereich, Gefahr des Maschinenausfalls,

- Beschleunigter Transport zur nächsten Bearbeitung notwendig,

- Überlappte Bearbeitung mit nächster Fertigungsoperationen,

- Empfindliches Werkstück, sorgfältiger Transport notwendig,

- etc..

Desweiteren kann in der späteren Auftragsverfolgung spezifisch auf kritische Situationen geachtet werden, um möglichst frühzeitig Abweichungen vom Produktionsplan zu bemerken.

Die manuelle Auftragseinplanung mit Abbildung der Belegungssituation ist somit unter den genannten Voraussetzungen und Rahmenbedingungen ein geeignetes Verfahren für teilautonome Leistungseinheiten, das insbesondere das Wissen und die Organisationsfähigkeit der Mitarbeiter in den Planungsprozess mit einbezieht. Durch das Prinzip der Eigenbestimmung können weitere positive Effekte erreicht werden, da das Verfahren innerhalb des Zeitfensters zur Auftragseinplanung vollständig ohne Fremdbestimmung abläuft.

6.2.1.2 Auftragseinplanung mit pauschalen Durchlaufzeiten

Die Auftragseinplanung mit pauschalen Durchlaufzeiten kann angewendet werden, wenn bestimmte Rahmenbedingungen gelten:

- Zwangsabläufe im Produktionsprozeß,

- Flexibles Kapazitätsangebot bzw. ständiges Kapazitätsüberangebot,

- technologische Restriktionen in Form fester Vorgaben oder

- der Aufwand zur manuellen oder algorithmisch unterstützten Auftragseinplanung zu hoch sind.

Pauschale Durchlaufzeiten sind in diesem Zusammenhang als ein definierter Zeitraum zu verstehen, in dem die teilautonome Leistungseinheit alle auszuführenden Fertigungsoperationen ausführen kann. Der Zeitraum ist dabei unabhängig vom einzelnen Produktionsauftrag und seiner Stückzahl, also dem auftragsbezogenen Kapazitätsbedarf, muß jedoch so bemessen sein, daß alle Fertigungsoperationen ausführbar sind und zusätzlich noch ein dispositiver Freiraum in Form von Puffer- und Übergangszeiten für die teilautonome Leistungseinheit besteht. Ebenso wird die Anzahl sich gleichzeitig in der teilautonomen Leistungseinheit befindlicher Produktionsaufträge nicht berücksichtigt[75].

---

[75] Ausnahme hierzu sind jedoch notwendig, wenn die Flexibilität der teilautonomen Leistungseinheit bzgl. der Anpassung des Kapazitätsangebots für die Schwankungen die durch die Einplanung unterschiedlich vieler Produktionsaufträge nicht ausreicht. In diesem Fall kann entweder der Zufluß an Produktionsaufträgen durch bestimmte Schranken begrenzt oder die pauschale Durchlaufzeit um einen bestimmten Wert erhöht werden.

Die pauschale Durchlaufzeit wird einmalig bestimmt und dann für alle Produktionsaufträge angewendet, solange sich die Rahmenbedingungen zur Ermittlung der pauschalen Durchlaufzeit nicht verändern.

Im Planungsablauf der Auftragseinplanung über verschiedene teilautonome Leistungseinheiten hinweg, wird ab dem Verfügbarkeitszeitpunkt des Produktionsauftrags für die teilautonome Leistungseinheit die pauschale Durchlaufzeit hinzu addiert und der Fertigstellungstermin für die auszuführenden Fertigungsoperationen ermittelt[76].

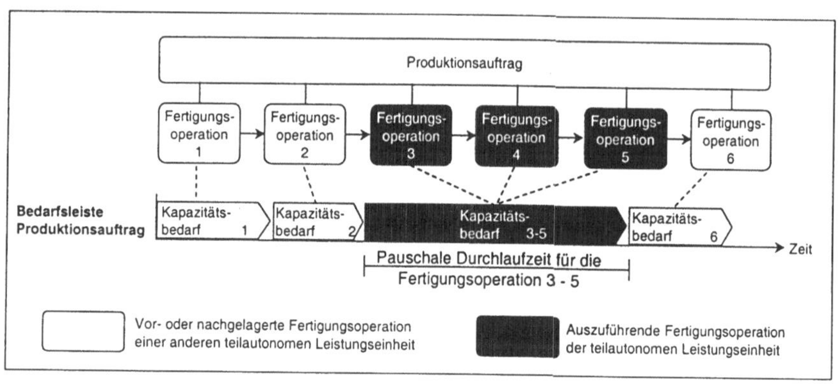

Abbildung 6-7   Auftragseinplanung mit pauschalen Durchlaufzeiten

Das Ergebnis einer Auftragseinplanung mit pauschalen Durchlaufzeiten ist ein Produktionsplan, der lediglich aussagt, welche Produktionsaufträge in welchem Zeitraum fertiggestellt werden müssen. Zu jedem Produktionsauftrag werden die Ecktermine der ersten und letzten Fertigungsoperation angegeben. Die Arbeitsverteilung innerhalb der teilautonomen Leistungseinheit wird von den Mitarbeitern selbst vorgenommen. Eine Einplanung einzelner Fertigungsoperationen auf Arbeitsplätze erfolgt nicht. Die Belegung der Arbeitsplätze wird vollständig von den Mitarbeitern selbst organisiert. Hierzu sollten ihnen Übersichten über die zu bearbeitenden Produktionsaufträge mit den jeweiligen Eckterminen in möglichst transparenter Darstellung zur Verfügung gestellt werden.

Für die Auftragseinplanung mit pauschalen Durchlaufzeiten gibt es in der industriellen Anwendung zahlreiche Beispiele, wie die Planung von Prüftätigkeiten nach einer Fertigungsoperation und technologisch bestimmte Fertigungsoperationen, mit fest vorgegeben Mindestprozesszeiten für das Härten von Werkstücken.

---

[76] Dies gilt für eine Vorwärtsterminierung. Bei einer Rückwärtsterminierung wird vom Fertigungsbeginntermin der nachfolgenden Fertigungsoperationen aus der spätest mögliche Fertigstellungstermin für die auszuführenden Fertigungsoperationen ermittelt und davon die pauschale Durchlaufzeit subtrahiert. Ergebnis ist der Fertigungsbeginntermin für die auszuführenden Fertigungsoperationen.

6.2.1.3 Auftragseinplanung mit kapazitiven und technologischen Restriktionen

Häufig sind in der betrieblichen Praxis nicht nur Kapazitätsrestriktionen bei der Auftragseinplanung zu beachten, sondern ebenso technologische Restriktionen. Diese können unterschiedlichste, vom Produktionsprozeß und vom Werkstück abhängige Ausprägungen annehmen, sich jedoch auch erst im Kontext der Produktionsprogrammplanung ergeben oder aus dem Erfahrungswissen eines logistisch optimierten Auftragsdurchlaufs oder Produktionsprogramms ergeben. Die technologischen Restriktionen sind meist die bestimmenden Restriktionen für die Auftragseinplanung und haben somit Vorrang vor den kapazitiven Restriktionen.

Beispiel hierfür ist das Lackieren von Werkstücken mit unterschiedlichen Farben, bei dem angestrebt wird, eine Lackierfolge von hellen hin zu dunklen Farben zu erreichen, um Farbverunreinigungen zu vermeiden. Mehrere technologische Restriktionen sind beim Sintern von Keramik zu beachten. Hier bestimmen der erforderliche Temperaturverlauf des Sinterprozesses, die Verträglichkeit der Werkstücke und Materialien in einer Brandcharge, die Stapelbarkeit der Werkstücke bei der Bestückung eines Brandwagens und der Volumenbedarf des Werkstücks und ein ggf. notwendiger Umbauraum, ob ein Produktionsauftrag in eine Brandcharge eingeplant werden kann oder nicht.

Für die Auftragseinplanung bedeutet dies, daß eine Belegung und terminliche Planung eines Produktionsauftrags nur unter Berücksichtigung der technologischen und kapazitiven Restriktionen erfolgen kann. Um dies zu gewährleisten, muß zur Auftragseinplanung ein an den Produktionsprozeß und die technologischen Restriktionen angepaßtes Verfahren eingesetzt werden, die die Gesamtheit der Restriktionen berücksichtigt.

Dabei ist zu beachten, daß die technologischen Kriterien häufig nicht formal darstellbar sind. Eine Ableitung der Kriterien aus den Merkmalen des zu bearbeitenden Werkstücks oder des Produktionsauftrags ist dann nicht möglich. Dennoch bestehen die Kriterien, liegen jedoch nur als implizites Erfahrungswissen der Mitarbeiter einer teilautonomen Leistungseinheit vor. Die Verwendung dieses Wissens ist für die Auftragseinplanung jedoch unbedingt erforderlich, so daß durch das Verfahren sichergestellt werden muß, daß den Mitarbeitern die Möglichkeit eröffnet wird, ihr Erfahrungswissen in den Planungsprozeß einzubringen. Gelingt dies nicht, muß davon ausgegangen werden, daß das Ergebnis der Auftragseinplanung, der Produktionsplan, in der vorliegenden Form keinesfalls umgesetzt werden kann. Denn werden die technologischen Restriktionen erst während der Ausführung des Produktionsprozesses berücksichtigt, sind Abweichungen vom Produktionsplan unvermeidbar.

Prinzip und Ablauf eines angepaßten Verfahrens soll an dem o. g. Beispiel des Sinterns keramischer Werkstücke veranschaulicht werden (Abbildung 6-8). Das Verfahren geht stufenweise vor, um sukzessive die technologischen und kapazitiven Restriktionen zu berücksichtigen:

<u>Verfahrensablauf zur Auftragseinplanung am Beispiel des Sinterns keramische Werkstücke</u>

1. Übernahme der einzuplanenden Produktionsaufträge

2. Ermittlung des Zeitfensters zur Auftragseinplanung[77]

3. Bestimmung der technologischen Restriktionen der einzelnen Produktionsaufträge
   - Zuordnung standardisierter Temperaturverläufe für den Sinterprozeß anhand einer Artikelklassifizierung
   - Zuordnung einer Stapellage auf dem Brandwagen (unten, Mitte, oben) anhand der Werkstückgeometrie

4. Bestimmung der technologischen Restriktionen der Gesamtheit der einzuplanenden Produktionsaufträge
   - Zuordnung der Produktionsaufträge zu technologisch möglichen Brandchargen unter Berücksichtigung von Unverträglichkeiten der Werkstücke oder Materialien innerhalb einer Brandcharge (notwendig zur Vermeidung von Qualitätsproblemen)

5. Bestimmung der kapazitiven Restriktionen der Produktionsaufträge
   - Ermittlung des Volumenbedarfs des Werkstückes und ggf. notwendiger Umbauräume

6. Bestimmung der Zeiträume mit freien Kapazitäten der Brennöfen

7. Zusammenstellung einer Brandcharge
   - innerhalb technologisch möglicher Brandchargen
   - unter Berücksichtigung eines möglichen Stapelaufbaus des Brandwagens
   - unter Beachtung der Kapazitätsrestriktionen (Abgleich Volumenbedarf und -angebot)
   - unter Berücksichtigung des Zeitfensters zur Auftragseinplanung

8. Terminfestlegung für Brandcharge und Produktionsaufträge
   - Einplanung auf freie Kapazität Brennofen
   - Auftragsspezifische Ermittlung des notwendigen Bereitstellungstermins für die Produktionsaufträge durch unterschiedliche, stapellageabhängige Aufbauzeiten des Brandwagens
   - Auftragsspezifische Ermittlung des möglichen Verfügbarkeitstermins für nachfolgende Fertigungsoperation für die Produktionsaufträge durch unterschiedliche, stapellageabhängige Abbauzeiten des Brandwagens

Abbildung 6-8   Verfahren zur Auftragseinplanung bei technologischen und kapazitiven Restriktionen

Der Verfahrensablauf macht deutlich, daß insbesondere die technologischen Restriktionen berücksichtigt werden und das technologische Wissen der Mitarbeiter der teilautonomen Leistungseinheit in die Erstellung des Produktionsplans eingehen. Somit wird, entsprechend den Grundprinzipien teilautonomer Leistungseinheiten die Fähigkeit der Mitarbeiter zur Problemlösung in den Verfahrensablauf aufgenommen und unterstützt.

---

[77] Siehe hierzu 6.2.1.1

6.2.2 Handlungsspielräume und Freiheitsgrade bei der Auftragseinplanung

Dezentrale teilautonome Leistungseinheiten werden in Unternehmen gebildet, um durch die erweiterten Aufgaben und Funktionsbereiche der Organisationseinheiten positive Effekte in Form

- von reibungsloseren Produktionsabläufen,

- einer erhöhten Reaktionsfähigkeit und -geschwindigkeit und

- einer verbesserten Effizienz und Effektivität in der Leistungserstellung

zu erhalten.

Hierzu werden von zentralen Funktionsbereichen im Unternehmen Funktionen und Leistungen herausgelöst und auf dezentrale teilautonome Leistungseinheiten aufgeteilt und verlagert. Ziel dieser Form der Dezentralisierung ist die Bereitstellung lokaler Ressourcen und Fachkompetenzen in den dezentralen teilautonomen Leistungseinheiten, um die insgesamt erwarteten Effekte zu erreichen.

Diese Form der Dezentralisierung muß jedoch noch mit einer weiteren einhergehen - der Dezentralisierung von Verantwortung und Entscheidungskompetenzen. Hierdurch wird der Handlungsspielraum der Mitarbeiter in den dezentralen teilautonomen Leistungseinheiten erhöht. Sie besitzen bzgl. der zugeordneten Funktionen Freiheitsgrade für Entscheidungen, die sie, teilweise vollständig unabhängig von zentralen Funktionsbereichen, nutzen können. Bei neuen oder veränderten Problemstellungen kann somit sehr viel flexibler und schneller reagiert werden. Allerdings sind die dezentralen teilautonomen Leistungseinheiten auch vollständig für die getroffenen Entscheidungen verantwortlich.

Mit der Dezentralisierung von Fach- und Entscheidungskompetenz entsteht innerhalb der dezentralen teilautonomen Leistungseinheit ein in sich geschlossener Wirkungskreislauf, der zu einer ständigen Verbesserung der betrieblichen Leistungserstellung führt. Für die zugeordneten Aufgaben und Problemstellungen werden Ziele definiert und durch die zugewiesenen Handlungsspielräume und Freiheitsgrade ein Lösungsraum bestimmt. Für beeinflußbare Prozesse wird nach dem Prinzip der Eigenbestimmung in der dezentralen teilautonomen Leistungseinheit sowohl der Lösungsweg ausgewählt, als auch die Entscheidung getroffen. Bei der Umsetzung der selbstgetroffenen Entscheidung ist davon auszugehen, daß, wie im Entscheidungsprozeß selbst, ein Höchstmaß an Wissen und Engagement durch die Mitarbeiter eingebracht wird, um die gesteckten Ziele der Aufgabenstellung bestmöglich zu erreichen. Das Erfahrungswissen der Mitarbeiter steigt durch die durchgängige Bearbeitung der Aufgabenstellung kontinuierlich an, und sowohl Fach- als auch Entscheidungskompetenz wachsen an.

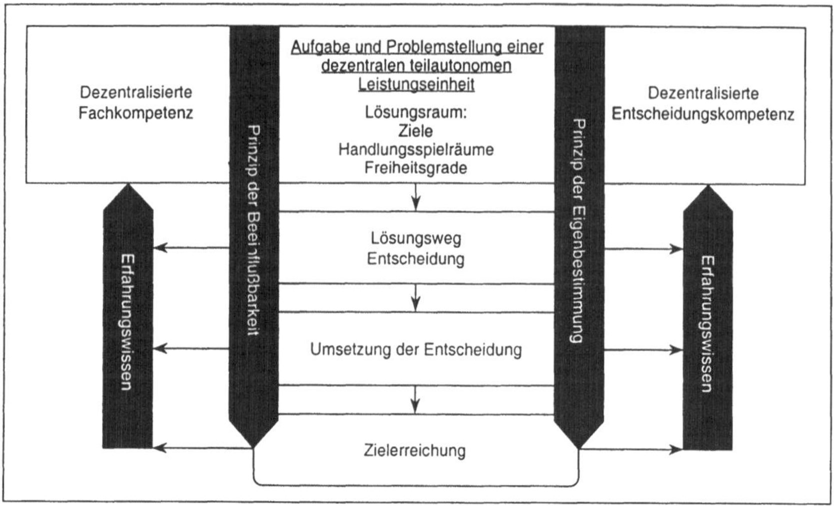

Abbildung 6-9   Handlungsspielräume und Freiheitsgrade zum Aufbau von Erfahrungswissen

Bei der Auftragseinplanung als einer dezentralisierten Funktion der Produktionsplanung und -steuerung werden der teilautonomen Leistungseinheit ebenfalls Handlungsspielräume und Freiheitsgrade eingeräumt. Diese sind nach dem Zeitpunkt des Planungsablaufes zu strukturieren in Handlungsspielräume die

- bei Übernahme von Produktionsaufträgen oder

- während des Planungsprozesses

zu Geltung kommen. Während der Umsetzungsphase des Produktionsplans gelten zu den Handlungsspielräumen während des Planungsprozesses noch weitere Freiheitsgrade, die sich aus der kurzfristigen Reaktion auf Störungssituationen heraus ableiten, hier jedoch nicht ausgeführt werden.

Die Handlungsspielräume bei der Übernahme von Produktionsaufträgen resultieren aus der hohen Fachkompetenz der Mitarbeiter der teilautonomen Leistungseinheit bzgl. der Ausführung des Produktionsprozesses. Sie beziehen sich auf die beschreibenden Merkmale des Produktionsauftrags und des zu bearbeitenden Werkstücks oder auf den auszuführenden Bearbeitungsprozeß. Der Handlungsspielraum besteht hierbei bei der Festlegung oder der Veränderung der beschreibenden Merkmale wie z. B.:

- Bearbeitungszeiten,

- Bearbeitungsfolge,

- Zuordnung der Fertigungsressource zur Ausführung der Fertigungsoperation oder

- Produktionsmenge[78].

Zu allen Merkmalen besteht in der teilautonomen Leistungseinheit ein hohes Fachwissen, das zudem der aktuellen Situation entspricht. So können beispielsweise mittel- und langfristige Ausfälle von Maschinen durch größere Wartungs- und Instandsetzungarbeiten berücksichtigt werden, Verbesserungen durch technologische Neuerungen, wie rüstoptimierte Vorrichtungen oder ein verbesserter Qualitätsstandard in die Planung einbezogen werden. Der Planungsprozeß zur terminlichen Belegung der Fertigungsressourcen kann somit mit einer wesentlich verbesserten und den tatsächlichen Gegebenheiten des Produktionsprozesses durchgeführt werden. Der Produktionsplan verbessert sich in seiner Aussagefähigkeit und seiner Umsetzungsfähigkeit.

Ein wesentlicher Mangel zentralistisch ausgelegter Strukturen und Funktionsabläufe kann dadurch vermieden werden. Die Erfahrungen der betrieblichen Praxis haben gezeigt, daß es von entscheidender Bedeutung für die Planungsgüte einer Funktion ist, aktuelle und der betrieblichen Realität entsprechende Planungsgrundlagen zu verwenden. Dies wirkt sich nicht nur für die Funktion selbst positiv aus, sondern auch für andere Unternehmensfunktionen. Als Beispiel sei hierfür die Vorkalkulation zur Preisermittlung eines Produktes genannt, die bei Anwendung nicht der Realität entsprechender Planungsdaten, auch ebenso falsche Aussagen über die Kostenstruktur eines Produktes liefert. Die dezentrale Ausführung einer Funktion führt zu einer Verantwortlichkeit auch für die Planungsergebnisse, womit ein Eigeninteresse der teilautonomen Leistungseinheiten entsteht, die Planungsgrundlagen möglichst exakt den tatsächlichen Gegebenheiten im Leistungserstellungsprozeß anzupassen.

Die Handlungsspielräume und Freiheitsgrade während des Planungsprozesses beziehen sich vor allem auf die dispositiven Möglichkeiten bei der Auftragseinplanung und das Kapazitätsangebot. Bei der Belegung der Fertigungsressourcen sind, innerhalb der vorgegebenen Rahmenbedingungen, durch die teilautonome Leistungseinheit alle möglichen Maßnahmen zur Erreichung der Ziele der Fertigungssteuerung in die Planung mit einzubeziehen. Hierzu gehören:

- Splittung oder Zusammenfassung von Produktionsaufträgen

- Überlappung von Fertigungsoperationen

- Nutzung der Fertigungsressourcen anderer teilautonomer Leistungseinheiten mit eigenem Personal

- Vergabe von Fertigungsoperationen an andere teilautonome Leistungseinheiten oder externe Unternehmen

---

[78] Die Festlegung oder Veränderung der Produktionsmenge ist lediglich dann sinnvoll, wenn zum Erreichen einer vorgegebenen Auftragsstückzahl die Bearbeitung mit einer erhöhten Menge an Werkstücken begonnen wird, um zu erwartende Ausschußquoten zu kompensieren.

- Abstimmung mit vor- oder nachgelagerten teilautonomen Leistungseinheiten zur Anpassung des Zeitfensters der Auftragseinplanung.

Bestehen diese Handlungsspielräume nicht, führen sie nicht zu den erforderlichen Zielen oder sind sie nur unwirtschaftlich durchzuführen, besteht für die teilautonome Leistungseinheit noch die Möglichkeit der Anpassung des Kapazitätsangebotes. Es kann durch Mehrarbeit, einmalige oder regelmäßige Zusatzschichten erhöht werden. Analog dazu bestehen Möglichkeiten zur Anpassung der Kapazität auf einen geringeren Bedarf. Flexible Arbeitszeitmodelle eröffnen hierbei den teilautonomen Leistungseinheiten wertvolle, zusätzliche Freiheitsgrade, die sie bei entsprechenden Vereinbarungen, auch kostenneutral nutzen können. Diese Freiheitsgrade wirken sich für die Auftragseinplanung in einem flexibilisierten Kapazitätsangebot aus.

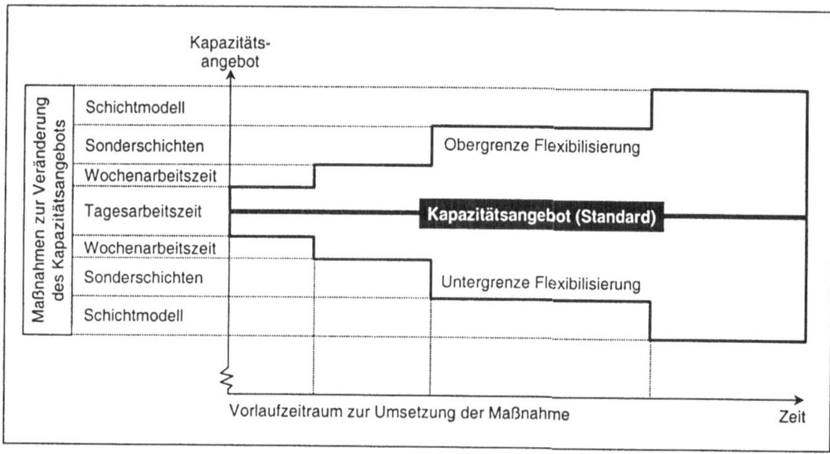

Abbildung 6-10   Flexibilisierung des Kapazitätsangebotes

Zusammenfassend kann gesagt werden, daß teilautonome Leistungseinheiten insbesondere bei der Auftragseinplanung zahlreiche Handlungsspielräume und Freiheitsgrade besitzen. Der Planungs- und Leistungserstellungsprozeß wird somit für sie in großem Maße beeinflußbar und die Anstöße, die durch die Dezentralisierung von Fach- und Entscheidungskompetenz gegeben werden, können im oben ausgeführten Sinne vollständig aufgegriffen und umgesetzt werden.

6.2.3 Koordination in dezentralen Strukturen

Beim Aufbau teilautonomer Leistungseinheiten ist es meist nicht möglich, alle zur betrieblichen Leistungserstellung notwendigen Aufgaben und Funktionen zur Herstellung eines Produktes, einer teilautonomen Leistungseinheit zuzuordnen. Es bilden sich dann mehrere Leistungseinheiten aus, die über Materialfluß- und Informationsflußbeziehungen verknüpft sind, was auch als Kunden-Lieferanten-

Beziehung bezeichnet wird. Die teilautonomen Leistungseinheiten mit Produktionsaufgaben sind dabei in der Struktur einer linearen Kette, bei linearem Materialfluß, ausgebildet oder als komplexes Netzwerk, bei Materialflußbeziehungen, die Rückläufer und Schleifen aufweisen. Im Rahmen der Produktionsplanung und -steuerung und insbesondere bei der Auftragseinplanung haben Entscheidungen und Festlegungen einer teilautonomen Leistungseinheit nicht nur lokale Auswirkungen, sondern beeinflussen auch häufig andere teilautonome Leistungseinheiten. In diesen Fällen ist eine Koordination zwischen den teilautonomen Leistungseinheiten erforderlich. Anstöße zur Koordination können sein:

- Die Planungsaufgabe ist nicht für eine teilautonome Leistungseinheit allein erfüllbar.

- Die Zielerreichung einer teilautonomen Leistungseinheit kann verbessert werden, wenn sie sich mit einer anderen teilautonomen Leistungseinheiten koordiniert.

- Planabweichungen, durch Störungen verursacht, haben Auswirkungen auf andere teilautonome Leistungseinheiten.

Zur Verdeutlichung sollen im folgenden einige Beispiele für die Koordination zwischen teilautonomen Leistungseinheiten gegeben werden, die aufzeigen, daß dabei sowohl positive Effekte für das Gesamtunternehmen als auch für die einzelnen teilautonomen Leistungseinheiten erschlossen werden können.

Ergibt sich bei der Auftragseinplanung im Planungsergebnis eine Kapazitätsüberbelegung und reichen die Freiheitsgrade einer teilautonomen Leistungseinheit nicht aus, um durch Erhöhung des Kapazitätsangebots den Kapazitätsbedarf zu decken, kommt es zu Terminverzögerungen. Der Kundenwunschtermin eines Produktionsauftrags oder der einzuhaltende Ablieferungstermin an eine folgende Leistungseinheit kann nicht eingehalten werden. Die Abstimmung mit anderen Leistungseinheiten eröffnet in dieser Situation mehrere Maßnahmen:

- Erhöhung des Kapazitätsangebotes durch Nutzung von Ressourcen anderer Leistungseinheiten (beim Austausch von Personal ist die erforderliche Qualifikation der Mitarbeiter zu beachten, bei der Nutzung von Maschinen bestehen hier häufig technologische Restriktionen durch den auszuführenden Bearbeitungsprozeß).

- Fremdvergabe von Arbeitsgängen an andere teilautonome Leistungseinheiten.

- Wird ein Ablieferungstermin an eine folgende Leistungseinheit überschritten, hat diese u. U. die Möglichkeit, durch Umplanungen einen späteren Ablieferungstermin zu akzeptieren ohne den Endtermin des Produktionsauftrags zu gefährden.

- Hat eine vorhergehende Leistungseinheit die Möglichkeit, durch Umplanungen, einen termingefährdeten Produktionsauftrag vorzuziehen und ihn früher abzuliefern, kann ggf. durch den früheren Verfügbarkeitstermin eine termingerechte Auftragseinplanung erfolgen.

Analoge Maßnahmen bestehen bei einer Kapazitätsunterbelegung durch die Abgabe von Ressourcen an andere Leistungseinheiten bzw. durch die Übernahme von Arbeitsgängen. Freie Kapazitäten können ggf. auch durch das frühere Bereitstellen später eingeplanter Arbeitsgänge genutzt werden. Dies kann durch eine Umplanung seitens der vorangehenden Leistungseinheit erreicht werden.

Eine Koordination kann auch angestoßen werden, wenn sich eine geplante Ressourcenverfügbarkeit verändert. Schnellere oder sich verzögernde, geplante Instandhaltungsmaßnahme einer Maschine, die spätere oder frühere Lieferung eines Werkzeugs oder Vorrichtung sind Beispiele hierfür. Wie in den o. g. terminbezogenen Maßnahmen kann dann der Fertigungsbeginntermin eines Arbeitsganges früher oder später erfolgen.

Die angeführten Beispiele machen deutlich, daß in einigen Situationen eine Koordination mit vor- oder nachgelagerten Leistungseinheiten erfolgen muß. Dies ist immer der Fall, wenn die Planung oder die Planungsänderung nicht nur lokale Auswirkungen hat, sondern auch die andere Leistungseinheit betrifft. Bei der Auftragseinplanung tritt dies immer dann auf, wenn sich die geplanten Belegungszeiträume aufeinanderfolgender Arbeitsgänge überlappen. Eine Koordination ist nicht unbedingt notwendig, kann aber dennoch erfolgen, wenn sich durch die Planung oder eine Planänderung ein längerer Zeitraum als ursprünglich geplant, ergibt. Die Nutzung des sich hierbei ergebenden größeren Zeitfensters zur Auftragseinplanung kann für eine Leistungseinheit positive Effekte haben.

Damit können klare Anforderungen an die Auftragseinplanung in dezentralen Strukturen abgeleitet werden:

- Die Auftragseinplanung muß eine Folgenabschätzung einer Terminbelegung durchführen, und zwar für jeden eingeplanten Arbeitsgang und insbesondere bzgl. der Auswirkungen auf angrenzende Leistungseinheiten.

- Treten durch die Auftragseinplanung in aufeinanderfolgenden teilautonomen Leistungseinheiten Terminüberlappungen auf, muß von der Auftragseinplanung ein Anstoß zur Koordination erfolgen.

- Desweiteren ist es für eine teilautonome Leistungseinheit erforderlich, die Terminplanung vor- und nachgelagerter Leistungseinheiten einzusehen, um ggf. zusätzliche Freiheitsgrade in der Auftragseinplanung zu erhalten.

Bei einer EDV-gestützten Realisierung der Auftragseinplanung ist diese Anforderung durchaus zu erfüllen. Dies kann in transparenten Darstellungen der Bedarfsleisten der Produktionsaufträge, visueller Warnfunktionen, wie beispielsweise einer Ampel oder durch eine Zwangsführung des Anwenders bei Konfliktsituationen erfolgen.

Die bisherigen Ausführungen bezogen sich auf den Anstoß zur Koordination. Ihm folgt der eigentliche Koordinationsprozeß, der entweder als direkte, horizontale Koordination zwischen teilautonomen

Leistungseinheiten erfolgen kann oder als indirekte, vertikale Koordination über eine, meist hierarchisch übergeordnete, zentrale Koordinationsinstanz.

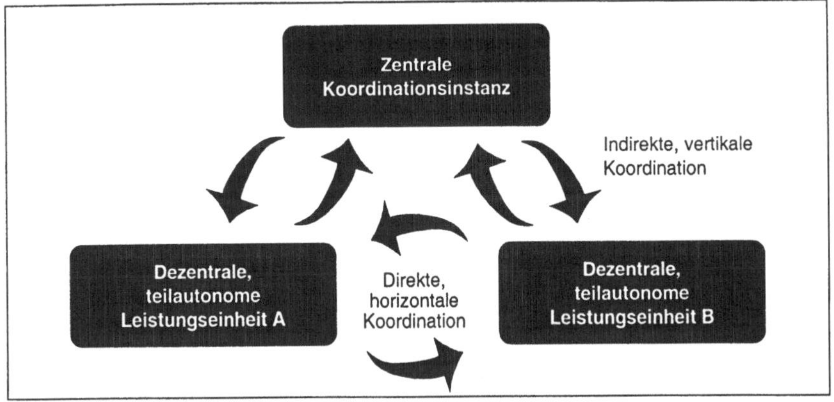

Abbildung 6-11   Koordination in dezentralen Strukturen[79]

Vergleicht man die beiden Arten der Koordination, kann festgestellt werden, daß die direkte, horizontale Koordination dem Grundansatz zum Aufbau teilautonomer Leistungseinheiten wesentlich mehr entspricht als die indirekte, vertikale Koordination. Die autonome Ausgestaltung der dezentralen Leistungseinheiten in Form der Zuordnung von Funktionen der Produktionsplanung und -steuerung hat, wie oben ausgeführt, zu Handlungsspielräumen und Freiheitsgraden in der Leistungseinheit geführt.

Wird in einem indirekten, vertikalen Koordinationsprozeß eine zentrale Koordinationsinstanz hinzugezogen, hat diese zwei Möglichkeiten. Entweder löst sie die aufgetretene Aufgabenstellung und teilt das Ergebnis den dezentralen Leistungseinheiten in Form von Vorgaben oder eingeschränkten Handlungsspielräumen mit oder sie ist lediglich eine Instanz, die Informationen weiter reicht. Im ersten Fall tritt das Prinzip der Fremdbestimmung bei der Lösung der Koordinationsaufgabe auf und ist aus den bereits oben ausgeführten Argumenten für das Organisationsprinzip teilautonomer Leistungseinheiten nicht zu befürworten. Im zweiten Fall schränkt sie den Lösungsraum der Koordinationsaufgabe nicht ein, sondern überläßt, wie bei der direkten, horizontalen Koordination, die Entscheidungsfindung vollständig den teilautonomen Leistungseinheiten. In diesem Fall stellt sich zurecht die Frage, ob eine solche Instanz überhaupt notwendig ist, wenn auch auf direktem Wege das gleiche Ergebnis sichergestellt werden kann. Lediglich bei einem problembehafteten Koordinationsprozeß, wenn die teilautonomen Leistungseinheiten nicht zu einer gemeinsamen Lösung kommen, ist es sinnvoll, eine zentrale Koordinationsinstanz hinzuzuziehen, die vermittelnd auftritt.

---

[79] In Anlehnung an /SCH-96b/.

Die Ausführungen zur Koordination in dezentralen Strukturen zeigten, daß trotz in sich geschlossener Ansätze der Bildung von teilautonomen Leistungseinheiten und der Zuordnung von Funktionen der Produktionsplanung und -steuerung die Autonomie einer einzelnen teilautonomen Leistungseinheit nicht ausreicht, um die Aufgabenstellungen eines Auftragsdurchlaufs durch mehrere Leistungseinheiten zu lösen. Hierzu sind Koordinationsprozesse erforderlich, die durch die Funktionen angestoßen werden müssen um Konfliktsituationen zu bereinigen oder die durch das Aufzeigen von Handlungsspielräumen zu Verbesserungen führen. Die Koordination sollte entsprechend dem Autonomieprinzip in einer direkten, horizontalen Koordination erfolgen.

6.3 Zielabbildung mit dynamischen Zielprioritäten

Bei Planungsprozessen im allgemeinen wird dem Begriff der Ziele viel Aufmerksamkeit zugewendet. Meist wird ausgehend von bestimmten Zielen eine Planungsmethode oder -verfahren entwickelt, das die angestrebten Ziele entsprechend unterstützt. Im Rahmen der vorliegenden Arbeit sollen die Ziele der Planungsfunktion Auftragseinplanung als aktives Element der Funktion selbst verwendet werden und sind deshalb näher zu betrachten.

Im Bereich des automatischen Planens, in dem es darum geht Handlungen oder Aktivitäten in Bezug auf das Erreichen einer gewünschten Veränderung des Umfeldes zu organisieren, ist ein Ziel ursprünglich verstanden worden als

> „eine Beschreibung von Transformationen, die ausgehend von einer Menge von Startzuständen in eine Menge von gewünschten Endzuständen führen" (GEO-87).

Da aber nicht nur Zustände, sondern auch Aktivitäten, wie zum Beispiel *Produktionsauftrag vor dem Kundenwunschtermin ausliefern*, als Ziele aufgefaßt werden können, wird der Begriff des Ziels im Bereich des Planens allgemein wie folgt definiert:

> „Ein Ziel ist eine Menge von Folgen von Zuständen oder Aktivitäten" (GEO-87).

Die Verwendung des Zielbegriffes im Rahmen dieser Arbeit lehnt sich an die nachfolgend auszugsweise zitierten Begriffsbestimmungen des VDI-Ausschusses „Grundlagen der Technikbewertung" an (*Abbildung 6-12*).

Begriffsbestimmungen des VDI-Ausschusses Grundlagen der Technikbewertung, Richtlinienentwurf Empfehlungen zur Technikbewertung (Auszüge)

Ein Ziel ist ein als möglich vorgestellter Sachverhalt, dessen Verwirklichung erstrebt wird; es wird durch eine Entscheidung gesetzt.
Sachverhalte sind z. B. Zustände, Gegenstände, Handlungen, Prozesse, Beziehungen.
Einen bereits bestehenden Sachverhalt in Zukunft zu erhalten, bedeutet einen Sonderfall der vorstehenden Definition.
Ein Ziel wird in einem Zielsatz formuliert. Ein Zielsatz enthält zwei Bestandteile: (a) die beschreibende Kennzeichnung des Sachverhalts; (b) die Auszeichnung dieses Sachverhalts als erstrebt, erwünscht, gefordert, befürwortet. Wenn der Zielcharakter eines angesprochenen Sachverhaltes aus dem Sachverhalt eindeutig ersichtlich ist, genügt häufig schon die Kennzeichnung des Sachverhalts (Beispiel: Das Ziel „Der Verbrennungsmotor eines Personenkraftwagens soll eine hohe Leistung aufbringen" kann in verkürzter Form heißen: „Hohe Motorleistung".).

Ein Ziel ist häufig Bestandteil eines Zielsystems, das mehrere Ziele und Beziehungen zwischen Zielen umfaßt.

1. Ist ein bestimmtes Ziel in einem allgemeineren Oberziel enthalten oder enthält es selbst speziellere Unterziele, so liegt eine begriffliche Hierarchiebeziehung vor.

2. Zwischen zwei Zielen liegt eine Indifferenzbeziehung vor, wenn jedes der beiden Ziele angestrebt werden kann, ohne daß die Erreichung des anderen dadurch beeinträchtigt wird.

3. Zwischen zwei Zielen liegt eine Konkurrenzbeziehung vor, wenn die Erreichung des einen Zieles durch die Verfolgung des anderen Zieles beeinträchtigt wird.

4. Ein Mittel dient dazu, ein Ziel zu erreichen; Jedes Mittel kann selbst wiederum als Ziel betrachtet werden.

10. Kriterium für die Auswahl von Mitteln ist insbesondere die Tauglichkeit zur Verwirklichung der Ziele; ein Mittel darf jedoch nicht nur hinsichtlich seines Mittelcharakters in Bezug auf erklärte Ziele, sondern muß auch hinsichtlich seiner anderen Folgen beurteilt werden.

11. Kriterien für die Gewichtung und Auswahl von Zielen sowie für die Beurteilung von Mitteln können nur unter Bezug auf Werte vorgenommen werden.

12. Werte kommen in Wertungen zum Ausdruck und sind bestimmend dafür, daß etwas anerkannt, geschätzt, verehrt oder erstrebt wird; sie dienen somit zur Orientierung, Beurteilung oder Begründung bei der Auszeichnung von Handlungs- oder Sachverhaltsarten, die es anzustreben, zu befürworten oder vorzuziehen gilt.

Abbildung 6-12   Begriff der Ziele

Die obigen Definitionen beziehen sich auf den Bereich der Technik im allgemeinen. Übertragen auf die im Rahmen dieser Arbeit zu lösenden Problemstellung bieten sie jedoch eine ausreichende Grundlage zur Definition des Zielbegriffs.

Für die Funktion der Auftragseinplanung werden bewertete, planerische Zustände des Produktionssystems, also der eingeplanten Produktionsaufträge auf die Arbeitsplätze der Planungseinheiten, die nach der Auftragseinplanung erreicht werden, als Ziele verstanden. Es handelt sich dabei um Einzelziele, die in ihrer Gesamtheit das Zielsystem der Auftragseinplanung ergeben. Einzelziele oder erstrebenswerte Zustände können in zwei unterschiedliche Klassen von Zielen untergliedert werden. Ergeben sie sich einerseits bezüglich der eingeplanten Produktionsaufträge handelt es sich um produktionsauftragsbezogene Ziele. Beziehen sie sich andererseits bezüglich der Arbeitsplätze der Planungseinheiten werden sie als arbeitsplatzbezogene Ziele bezeichnet.

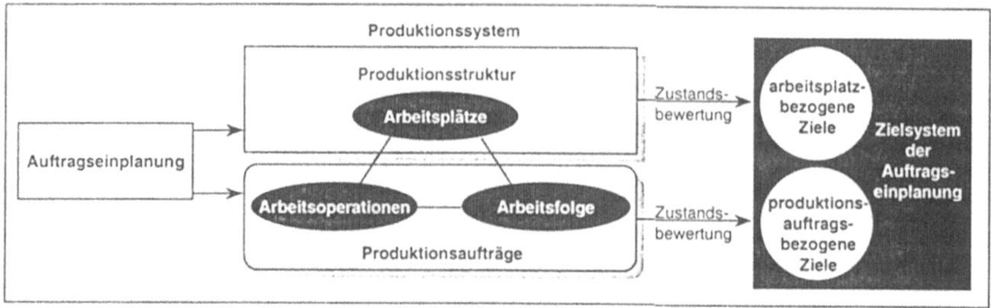

Abbildung 6-13   Ziele als Zustandsbewertung des Produktionssystems

Nach der obigen Richtlinie sind die Ziele in einem Zielsatz zu formulieren. Für die Ziele der Auftragseinplanung heißt dies, daß die zu betrachtenden Zustände des Produktionssystems festzulegen sind, verbunden mit der Auszeichnung des Zustandes, der als erstrebenswert angesehen wird[80]. Der Zielsatz ist in eine formale, algorithmische Beschreibung des erstrebten Zustandes des Produktionssystems zu transformieren.

Durch die Funktion der Auftragseinplanung werden mehrere Einzelziele verfolgt, die als Gesamtheit das Zielsystem der Auftragseinplanung bilden. Die Ziele des Zielsystems können dabei in Indifferenzbeziehung oder in Konkurrenzbeziehung zueinander stehen.

Die im Rahmen dieser Arbeit betrachteten Einzelziele der Auftragseinplanung sind entsprechend der Definition aus Kapitel 2.

Produktionsauftragsbezogene Ziele:

1. hohe Termintreue der Produktionsaufträge

2. geringe Durchlaufzeiten der Produktionsaufträge

3. geringe, wertmäßige Bestände an Produktionsaufträgen in Arbeit in der Planungseinheit

Arbeitsplatzbezogene Ziele:

4. hohe Kapazitätsauslastung der Planungseinheit

Für das zu entwickelnde Verfahren, ist es notwendig, die Ziele gegeneinander zu gewichten. Die Gewichtung ist für jedes einzelne Ziel spezifisch, in Form einer Zielpriorität als Wertung auf einer normierten Skala vorzunehmen. Die Festlegung der Zielpriorität erfolgt durch die Zuordnung einer Zahl

---

[80] Beispiel für einen zu betrachtenden Zustand ist die Durchlaufzeit der Produktionsaufträge, verbunden mit der Auszeichnung einer möglichst kurzen Durchlaufzeit die erstrebenswert ist.

aus dem Intervall [0, 1]. Die Bestimmung der Zielpriorität wird von Verantwortlichen der Planungseinheit vorgenommen.

Die aus dem Zielsystem der Auftragseinplanung abgeleiteten Einzelziele, verbunden mit einer, durch die Planungseinheit zugeordneten, normierten Zielpriorität bilden in ihrer Gesamtheit die spezifische Zielsetzung der Planungseinheit.

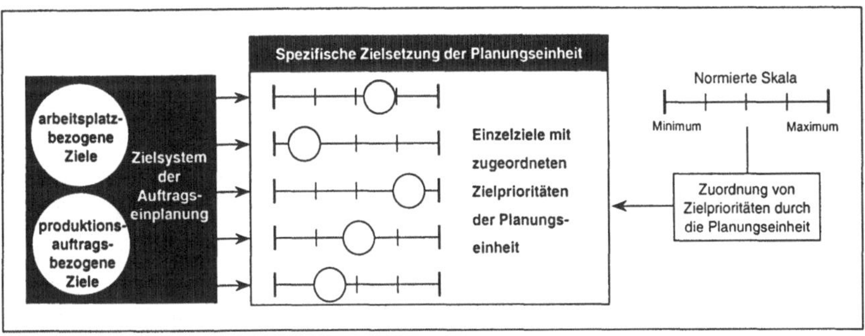

Abbildung 6-14   Komponenten der spezifischen Zielsetzung einer Planungseinheit

6.4   Zielorientierung bei der Auftragseinplanung

Aufgabe der Auftragseinplanung ist die zeitliche Zuordnung von Fertigungsoperationen von Produktionsaufträgen zu freien Kapazitäten der Arbeitsplätze. Hierzu werden innerhalb einer Planungssequenz vor einem Arbeitsplatz bereitstehende Fertigungsoperationen - bezeichnet als dynamischer Aktionsraum - identifiziert. Stehen mehrere Fertigungsoperationen bereit, ist eine Fertigungsoperation auszuwählen. Kriterien für die Auswahl werden durch die auftragsbezogenen Zielerreichungsbeiträge abgebildet. Der betreffende Arbeitsplatz wird mit der ausgewählten Fertigungsoperation belegt und die nächste Planungssequenz wird angestoßen.

6.4.1   Der dynamische Aktionsraum

Um die Gesamtaufgabe der Einplanung von Produktionsaufträgen zu lösen, werden durch das Verfahren der Auftragseinplanung iterative Planungssequenzen durchlaufen. Der Funktionsablauf der Auftragseinplanung und der Ablauf der Einzelschritte innerhalb einer Planungssequenz wurden in *Abbildung 4-1 Funktionsablauf der Auftragseinplanung* erläutert. Nach der Bestimmung des Einplanungszeitpunktes folgt im Funktionsablauf der Einzelschritt der Bestimmung der Bedarfsträger[81].

---

[81] Die Bedarfsträger sind im übertragenen Sinne zum Einplanungszeitpunkt vor dem Arbeitsplatz bereitstehende Produktionsaufträge, deren nächste Fertigungsoperation auf diesem Arbeitsplatz auszuführen ist.

Besteht zu einem Einplanungszeitpunkt ein Bedarf mehrerer Fertigungsoperationen für einen Arbeitsplatz, so bilden diese Fertigungsoperationen den Aktionsraum. Die Fertigungsoperationen sind durch die in Kapitel 6.2.1.2. Produktionsaufträge aufgeführten Merkmale beschrieben. Diese Merkmale sind zunächst statisch. Die Gesamtheit der Fertigungsoperationen zu einem Einplanungszeitpunkt für einen Arbeitsplatz mit ihren statischen Merkmalen bilden den dynamischen Aktionsraum.

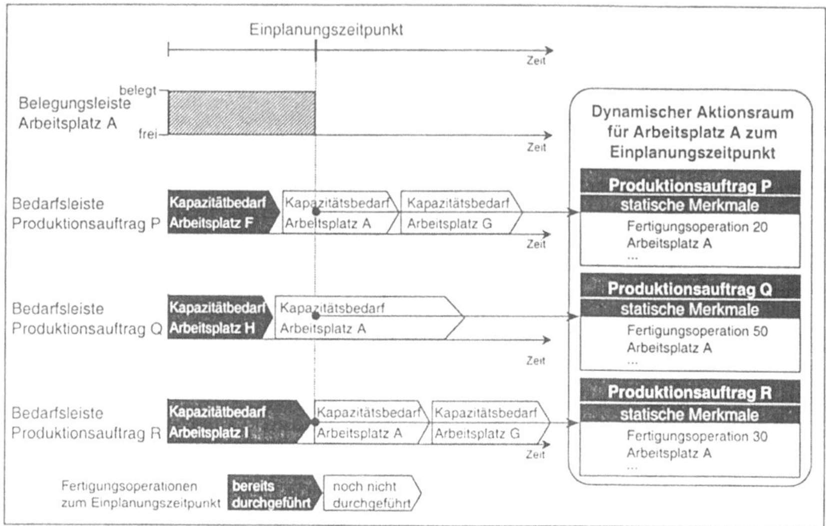

Abbildung 6-15   Der dynamische Aktionsraum

6.4.2 Auftragsbezogene Zielerreichungsbeiträge

Aus den vorhergehenden Abschnitten dieses Kapitels wird deutlich, daß zu bestimmten Zeitpunkten ein dynamischer Aktionsraum mit mehr als einer Fertigungsoperation existiert. Zu diesem Zeitpunkt besteht demnach ein Auswahl- bzw. ein Entscheidungsproblem für eine der zur Verfügung stehenden Fertigungsoperationen. Konventionelle Verfahren der Auftragseinplanung lösen dieses Auswahlproblem anhand einer bestimmten Prioritätenbildung zwischen den Fertigungsoperationen. Hierzu werden unterschiedliche Kriterien herangezogen.

Im Rahmen des Verfahrens zur zielorientierten Auftragseinplanung werden zur Auswahl der einzuplanenden Fertigungsoperation sogenannte auftragsbezogene Zielerreichungsbeiträge herangezogen. Die Bildung der auftragsbezogenen Zielerreichungsbeiträge erfolgt in mehreren Schritten:

- Transformation des Zielsystems der Auftragseinplanung durch logische Interpretation der Einzelziele

- Ermittlung der absoluten, auftragsbezogenen Zielerreichungsbeiträge über Berechnungsregeln bzgl. der statischen und dynamischen Merkmale der Produktionsaufträge

- Bewertung und Normierung über Zielfunktionen.

Auftragsbezogenen Zielerreichungsbeiträge werden durch die Bewertung konkurrierender Fertigungsoperationen erzeugt. Die Bewertung erfolgt durch eine Transformation des Zielsystems der Gesamtfunktion der Auftragseinplanung auf die Auswahlsituation zum Einplanungszeitpunkt innerhalb des dynamischen Aktionsraumes. Die Transformation des Zielsystems überträgt somit die Zielsetzung der Gesamtproblemstellung der Auftragseinplanung auf die lokale Auswahlentscheidung für einen Produktionsauftrag des dynamischen Aktionsraums.

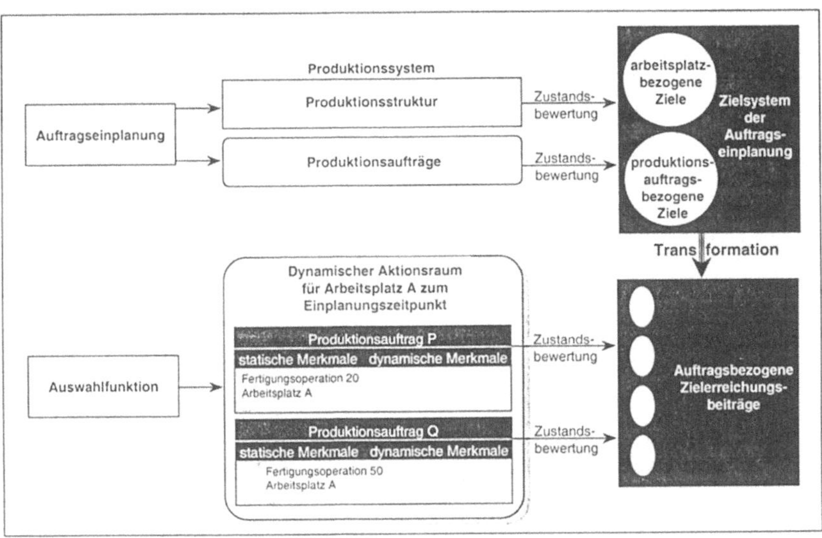

Abbildung 6-16   Transformation des Zielsystems der Auftragseinplanung auf auftragsbezogene Zielerreichungsbeiträge

Die Transformation des Zielsystems der Auftragseinplanung überträgt die übergeordneten Einzelziele auf die Auswahlsituation innerhalb des dynamischen Aktionsraums. Bei der Übertragung werden die erstrebenswerten Zustände, die die Gesamtfunktion erfüllen soll, auf erstrebenswerte Zustände nach der Auswahl einer Fertigungsoperation aus dem dynamischen Aktionsraum übertragen. Die Übertragung erfolgt durch logische Interpretation der Einzelziele der Auftragseinplanung. Werden beispielsweise durch die Gesamtfunktion geringe Bestandskosten angestrebt, bedeutet dies für die Auswahlsituation innerhalb des dynamischen Aktionsraumes, daß eine Fertigungsoperation für die Belegung des Arbeitsplatzes auszuwählen ist, die möglichst wenig Bestandskosten im Vergleich zu den konkurrierenden Fertigungsoperation verursacht.

Der für die Auswahl einer Fertigungsoperation aus dem dynamischen Aktionsraum notwendige Vergleich der Fertigungsoperationen kann nicht allein durch eine Betrachtung der statischen Merkmale der Produktionsaufträge vorgenommen werden. Es ist deshalb notwendig, die beschreibenden Merkmale der Produktionsaufträge zu erweitern durch dynamische Merkmale, die sich

- in Abhängigkeit vom Fertigungsfortschritt,

- in Abhängigkeit vom Einplanungszeitpunkt oder

- in Abhängigkeit von der Restmenge an Produktionsaufträgen im dynamischen Aktionsraum

ergeben.

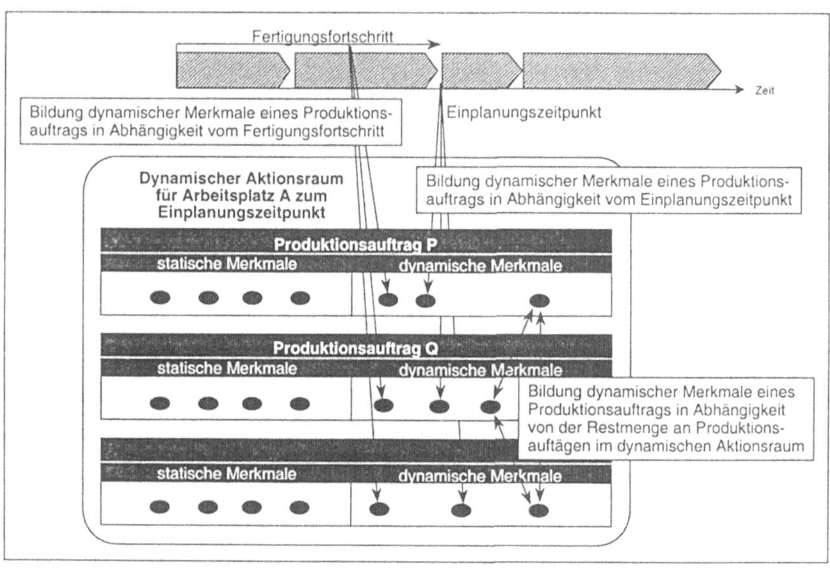

Abbildung 6-17   Erweiterung der Produktionsaufträge im dynamischen Aktionsraum um
dynamische Merkmale

Die auftragsbezogenen Zielerreichungsbeiträge werden anhand der statischen und dynamischen Merkmale des Produktionsauftrags über definierte Berechnungsregeln ermittelt und sind somit selbst temporäre, beschreibende Merkmale des Produktionsauftrags im dynamischen Aktionsraum (Abbildung 6-18).

Die Anwendung der Berechnungsregeln ergeben absolute Werte für die auftragsbezogenen Zielerreichungsbeiträge. Die auftragsbezogenen Zielerreichungsbeiträge sollten weitgehend unabhängig vom Fertigungsfortschritt sein. Dies ist durch eine entsprechende Festlegung der Berechnungsvorschriften sicherzustellen.

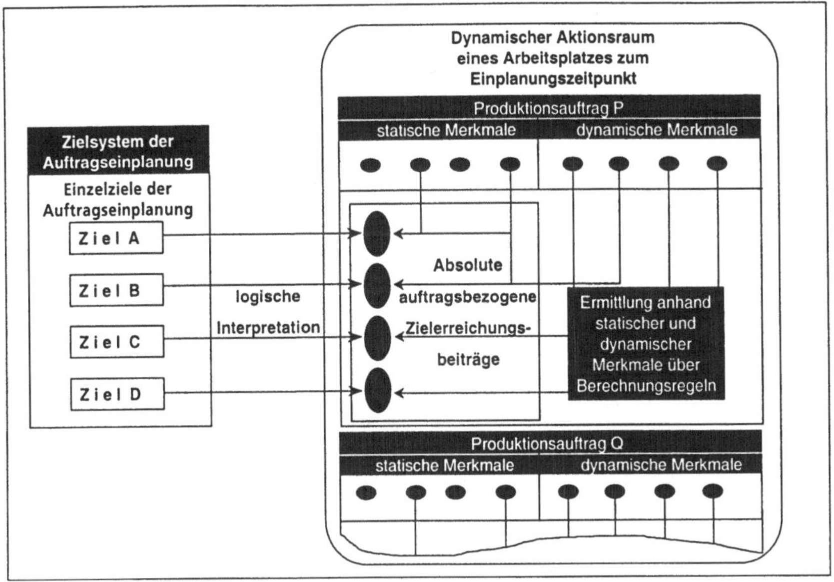

Abbildung 6-18   Auftragsbezogene Zielerreichungsbeiträge als Merkmale eines Produktionsauftrags im dynamischen Aktionsraum

Für den zur Auswahl notwendigen Vergleich zwischen den Fertigungsoperationen des dynamischen Aktionsraums ist es erforderlich, die auftragsbezogenen Zielerreichungsbeiträge bzgl. aller Einzelziele zu vergleichen. Zur Sicherstellung der Vergleichbarkeit sind die Zielerreichungsbeiträge zu bewerten. Die Bewertung erfolgt im Hinblick auf eine positive oder negative Unterstützung des zu erreichenden Einzelziels. Grundlage für die Bewertung ist der Vergleich der absoluten Werte der Zielerreichungsbeiträge und die Fragestellung, welche Auswirkungen diese Werte hinsichtlich des Erreichens des entsprechenden Einzelzieles haben. Beispielsweise wird bei der Zielsetzung der geringen Bestandskosten eine Fertigungsoperation, deren Einplanung bestimmte Bestandskosten verursacht, mit Sicherheit positiver bewertet werden, als zum Vergleich eine Fertigungsoperation, deren Einplanung ein mehrfaches an Bestandskosten verursacht.

Die Bewertung der absoluten Zielerreichungsbeiträge erfolgt für jedes Einzelziel in Form von Zielfunktionen, die in direkter Zuordnung zu dem jeweiligen Einzelziel der Auftragseinplanung stehen. Die Zielfunktionen bilden die absoluten Zielerreichungsbeiträge auf einen normierten Bewertungsmaßstab ab. Der Bewertungsmaßstab unterscheidet in einen Bewertungsbereich, der das Einzelziel positiv unterstützt und einen Bewertungsbereich, der sich negativ auf das Erreichen des Einzelziels auswirkt.

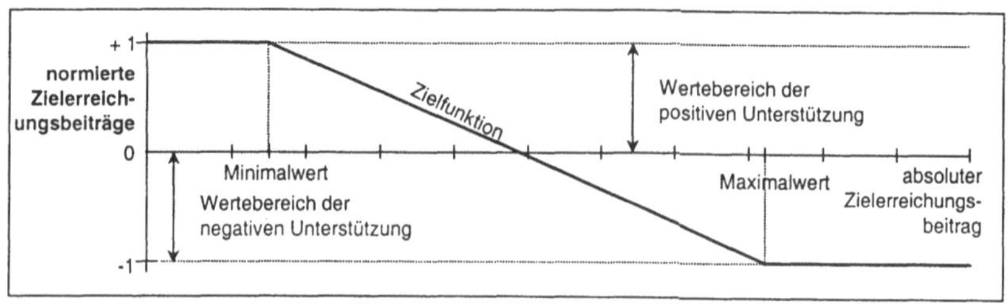

Abbildung 6-19   Zielfunktion der auftragsbezogenen Zielerreichungsbeiträge

Der Maßstab der Bewertungsbereiche ist auf Werte zwischen 0 und 1 normiert und ist mit Angabe des positiven oder negativen Vorzeichens vollständig beschrieben. Der Geltungsbereich der absoluten Zielerreichungsbeiträge reicht von einem Minimalwert bis zu einem Maximalwert. Dem Minimalwert wird die Bewertung +1 und dem Maximalwert die Bewertung -1 zugeordnet. Zwischen diesen Werten hat die Zielfunktion einen stetig fallenden Verlauf, da mit steigendem absoluten Zielerreichungsbeitrag die Bewertung stets negativer wird. Für die folgenden Ausführungen wird von einem linearen Verlauf[82] ausgegangen. Für kleinere absolute Zielerreichungsbeiträge als den Minimalwert wird zur Bewertung der Wert des Minimalwerts übernommen. Umgekehrt wird für größere absolute Zielerreichungsbeiträge als den Maximalwert, der Wert des Maximalwerts übernommen.

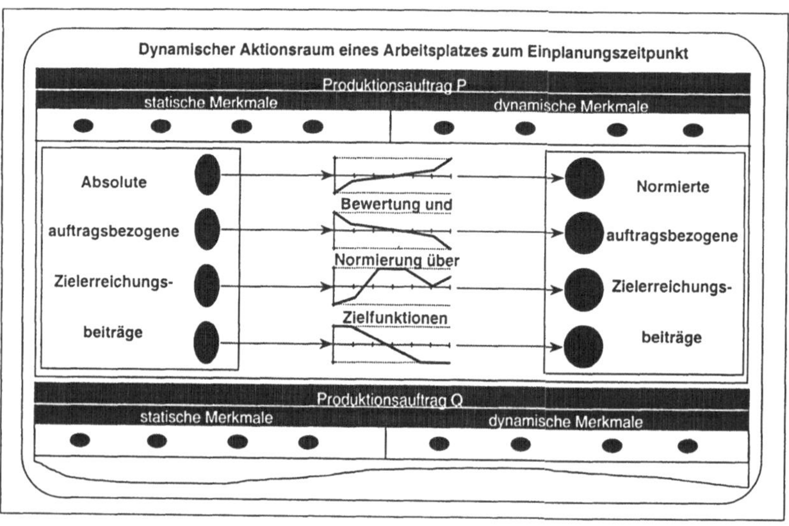

Abbildung 6-20   Bildung von normierten Zielerreichungsbeiträgen

---

[82] Vorstellbar sind auch konvexe bzw. konkave Verläufe der Zielfunktion zwischen Minimal- und Maximalwerten. Beide erfüllen die Anforderung, das die Zielfunktion stetig fallend ist. Die Anwendung des Verfahrens hat jedoch ergeben, daß keine Ergebnisverbesserung durch einen anderen Funktionsverlauf erreichbar ist.

Durch die Bewertung und Normierung der auftragsbezogenen Zielerreichungsbeiträge ist die Grundlage für die Auswahl einer Fertigungsoperation vervollständigt.

6.4.3 Auswahl einer Fertigungsoperation aus dem dynamischen Aktionsraum

Durch die Transformation des Zielsystems der Auftragseinplanung auf auftragsbezogene Zielerreichungsbeiträge der Fertigungsoperationen im dynamischen Aktionsraum ist es möglich, in der Auswahlsituation bei konkurrierenden Fertigungsoperationen eine Auswahl im Sinne der spezifischen Zielsetzung der Planungseinheit zu treffen. Die Auswahl einer Fertigungsoperation ist damit als Entscheidungsprozeß zu interpretieren.

Wie bereits in Kapitel 5 erläutert, wird hierzu ein zielorientiertes Entscheidungsmodell verwendet, welches bezüglich seiner Verwendung im Rahmen der zu lösenden Problemstellung im folgenden dargestellt wird. Das Entscheidungsmodell wird für die zielorientierte Auftragseinplanung verwendet, da es die problemabhängige Definition der Eingabeinformationen zuläßt, zur Entscheidungsfindung jedoch einen problemunabhängigen entscheidungstheoretischen Kern einsetzt.

Das Entscheidungsmodell basiert auf der Definition eines Entscheidungsprozesses als die Menge aller Aktivitäten, die dazu dienen, in einer Entscheidungssituation problemspezifischen Informationen nach einem problemunabhängigen Prinzip der Rationalität[83] einer Entscheidungstheorie zum Zwecke einer Entscheidungsfindung auszuwerten. In der Entscheidungssituation dem Entscheider zur Verfügung stehende Handlungsalternativen werden durch die Elemente des dynamischen Aktionsraumes gebildet.

Die Entscheidung für eine der Handlungsalternativen zum Entscheidungszeitpunkt ist an Zielen orientiert und wird Zielorientierung genannt. Der Entscheidungszeitpunkt ist durch den Einplanungszeitpunkt dargestellt und berücksichtigt die zu diesem Zeitpunkt vorliegenden Informationen zu den Produktionsaufträgen des dynamischen Aktionsraumes. Die Orientierung an Zielen ist durch die spezifische Zielsetzung der Planungseinheit gegeben und auf den dynamischen Aktionsraum durch die normierten auftragsbezogenen Zielerreichungsbeiträge abgebildet.

Die Vorgehensweise des verwendeten Entscheidungsmodells stellt sich im Überblick wie folgt dar:

- Eingabeinformation des Entscheidungsmodells sind:
    - eine endliche Menge von Handlungsalternativen (die Produktionsaufträge des dynamischen Aktionsraumes)
    - eine endliche Menge von gewichteten Zielen (die spezifische Zielsetzung der Planungseinheit)

---

[83] Das Prinzip der Rationalität stellt die Menge aller Grundsätze dar, die die Vorgehensweise eines Entscheiders zur Findung von Entscheidungen bestimmen und deren Folgen mit den Vorstellungen des Entscheiders vereinbar sind.

- Abschätzungen von Wirkungen der Handlungsalternativen auf Ziele (die normierten auftragsbezogenen Zielerreichungsbeiträge)

- Die Realisierung der Zielorientierung indem:

    1. zwischen Zielen paarweise Beziehungen abgeleitet werden,

    2. den Beziehungen zugeordnete Entscheidungsstrategien angewandt werden, um für eine im Sinne der gewichteten Ziele geeignete Menge von Handlungsalternativen zu ermitteln. Dies geschieht, indem:

        a) im ersten Schritt für alle Paare von Zielen lokal, d. h. nur aus Sicht von jeweils zwei Zielen, Mengen von Handlungsalternativen ermittelt werden;

        b) anschließend die lokalen Mengen zu, der aus der Sicht möglichst vieler Ziele, in Frage kommenden Menge von Handlungsalternativen verknüpft werden;

        c) und letztlich aus dieser Menge die beste Handlungsalternative ausgewählt wird.

- Die paarweise Ableitung von Beziehungen zwischen zwei Zielen wird anhand der Fragestellung vorgenommen, was mit dem ersten Ziel geschieht, falls ausschließlich das zweite Ziel zu verfolgt werden würde. Zur Untersuchung dieser Fragestellung wird die Wirkung von Handlungsalternativen auf Ziele betrachtet.

- Die Entscheidungsstrategien orientieren sich im wesentlichen an Beziehungen zwischen Zielen und deren Prioritäten.

- Es wird angestrebt, im Sinne einer mehrfachen Zielsetzung möglichst viele Ziele gleichzeitig zu verfolgen

Die in der Vorgehensweise angesprochenen Beziehungen zwischen den Zielen dienen zur Ausrichtung aller nachfolgenden Schritte zur Entscheidungsfindung ebenso wie die Gewichtung der Ziele. Die Beziehungen zwischen Zielen orientieren sich an der Fragestellung, ob und wie sich die Verfolgung von Zielen auf das jeweils andere Ziel auswirkt. Dabei bauen die Schlußfolgerungen bezüglich der Beziehungen zwischen den Zielen auf der Wirkung der Handlungsalternativen auf die Ziele auf. Können mit Hilfe einer Handlungsalternative zwei Ziele gleichzeitig erreicht oder verfolgt werden, so sind die Ziele eher kooperierend. Bei einer eher konkurrierenden Beziehung der Ziele ist mit Hilfe einer Handlungsalternative ein Ziel erreichbar und gleichzeitig verschlechtert sich die Möglichkeit ein anderes Ziel zu erreichen. Die Beziehungen zwischen Zielen sind in abgestuften Beziehungsklassen abgebildet, die von einer Klasse der vollständig kooperierenden Beziehung über eine indifferente Beziehungsklasse bis zu einer vollständig konkurrierenden Beziehungsklasse über mehrere, hier nicht aufgeführte Zwischenklassen reichen. Für jede Beziehungsklasse wird bei der Betrachtung der Beziehung zwischen Zielen ein Zugehörigkeitswert ermittelt, der aussagt, inwieweit diese Beziehungsklasse für die betrachtete Beziehung relevant und gültig ist.

Die Wichtigkeit der einzelnen Ziele wird anschließend betrachtet und durch Anwendung von Entscheidungsstrategien, die den zuvor abgeleiteten Beziehungen zwischen Zielen zugeordnet sind, werden diejenigen Handlungsalternativen ermittelt, die

- erlauben, möglichst viele Ziele gleichzeitig zu verfolgen,

- vereinbar sind mit den Beziehungen zwischen den Zielen und

- der aktuellen Gewichtung der Ziele gerecht werden.

Die Entscheidungsstrategien sind spezifisch für die Beziehungsklassen definiert und stellen die Modellierung von intuitiv begründeten Abwägungen zwischen jeweils zwei Zielen in Abhängigkeit von der zwischen diesen Zielen existierenden Beziehung dar[84]. Diese Art der Modellierung folgt der Forderung / MOS-85, S.81/ nach einer expliziten Repräsentation nicht nur von Beziehungen zwischen Zielen, sondern auch von Entscheidungsstrategien, die eng mit den Beziehungen verbunden sind.

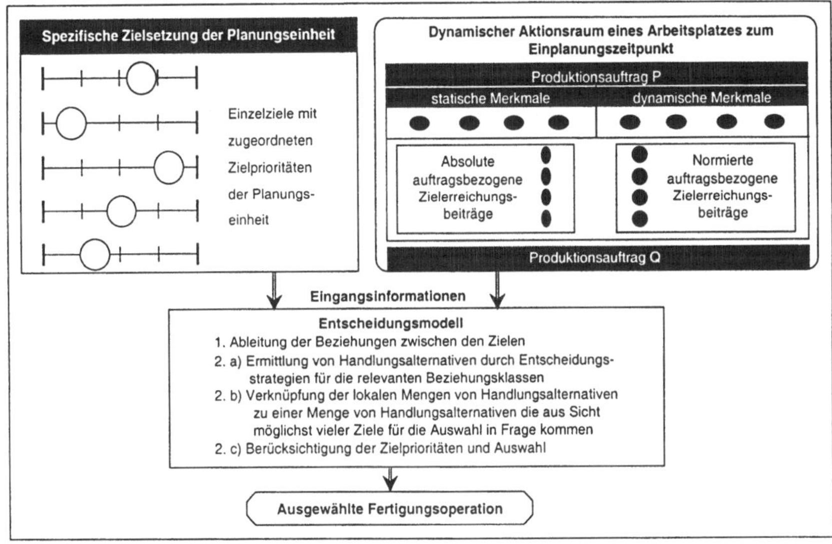

Abbildung 6-21   Einbindung des Entscheidungsmodells in die Auswahlsituation

[84] Zur Erläuterung der Entscheidungsstrategien werden zwei Beispiele für spezifische Entscheidungsstrategien von Beziehungsklassen erläutert Für die Beziehungsklasse der indifferenten Beziehung zwischen Zielen ist die Entscheidungsstrategie davon geprägt, daß durch die Unabhängigkeit der Ziele, die Verfolgung des einen Ziels keine Auswirkung auf das Erreichen des anderen Ziels hat. Wenn nicht eines der beiden Ziele dem anderen gegenüber besonders stark präferiert wird, ist es unerheblich, welches der beiden Ziele verfolgt wird. Für die Auswahl der Handlungsalternativen, die diese Ziele unterstützen, wird die Gesamtheit der Handlungsalternativen ausgewählt, die mindestens bei einem Ziel einen positiven Beitrag zur Erreichung des Ziels haben.
Die Entscheidungsstrategie für die Beziehungsklasse der vollständigen Kooperation ist so definiert, daß bei einem hohen Zugehörigkeitswert der Beziehung und einer starken Präferenz einer Zielpriorität diejenigen Handlungsalternativen ausgewählt werden, die einen positiven Beitrag zum Erreichen des präferierten Ziels haben.
Durch die vollständig kooperativ Beziehung zwischen den Zielen wird sich diese Strategie nicht zum Nachteil des anderen Ziels auswirken.

Die Zuordnung von Entscheidungsstrategien zu Beziehungen zusammen mit der Ermittlung von relevanten Beziehungen stellt damit einen Weg zur Modellierung einer situationsabhängigen Auswahl von Entscheidungsstrategien dar, wie sie die zugrundeliegende Problemstellung einer Auswahl einer Fertigungsoperation aus dem dynamischen Aktionsraum erfordert.

Das Ergebnis der Anwendung des Entscheidungsmodells, mit den Eingangsinformationen der spezifischen Zielsetzung der Planungseinheit und den Angaben zu den Fertigungsoperationen aus dem dynamischen Aktionsraum eines Arbeitsplatzes zum Einplanungszeitpunkt, ist die Kennzeichnung der ausgewählten Fertigungsoperation.

Anhand der Kennzeichnung der ausgewählten Fertigungsoperation wird im Ablauf der Auftragseinplanung der Arbeitsplatz mit der ausgewählten Fertigungsoperation belegt. Startzeitpunkt für die Fertigungsoperation ist der Einplanungszeitpunkt. Für die Dauer der Fertigungsoperation ist der Arbeitsplatz belegt. Der Arbeitsplatz ist bis zum Fertigstellungszeitpunkt der Fertigungsoperation belegt und hat erst dann wieder freie Kapazität, die für eine erneute Belegung verfügbar ist.

Der dynamische Aktionsraum wird um die Fertigungsoperation des ausgewählten Produktionsauftrags reduziert und in Abhängigkeit vom neuen Einplanungszeitpunkt des Arbeitsplatzes neu gebildet[85].

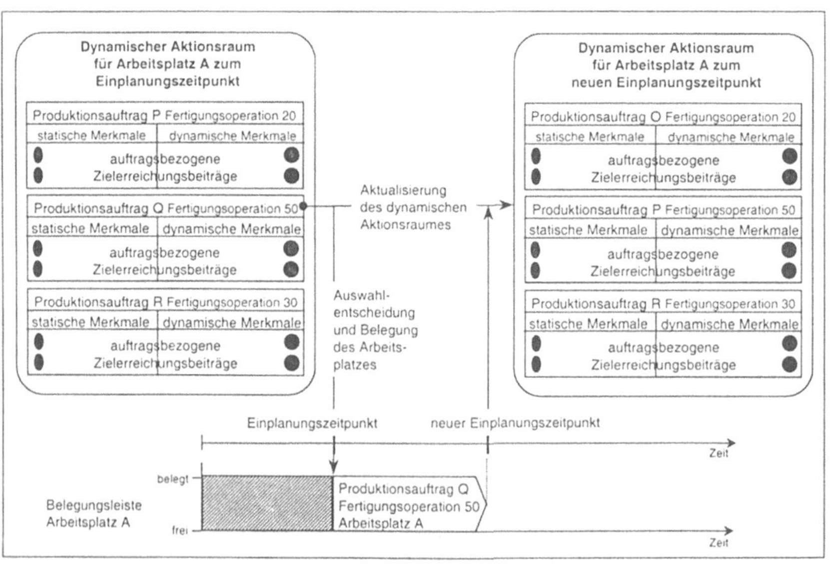

Abbildung 6-22   Belegung des Arbeitsplatzes und Aktualisierung des dynamischen Aktionsraumes

[85] Dies gilt nur, falls wie in Kapitel 7.2.1 Zeitlicher Ablauf der Planung gezeigt wird, kein anderer Arbeitsplatz während der Ausführung der Fertigungsoperation freie Kapazität hat und ein Produktionsauftrag einen Bedarf an dieser Kapazität hat.

6.5 Messen und Bewerten von Randbedingungen und Planungsergebnis

Das Ergebnis der Auftragseinplanung ist ein Produktionsplan, in dem die einzuplanenden Produktionsaufträge anhand deren Fertigungsfolge terminlich den Arbeitsplätzen zugeordnet sind. Dieser Produktionsplan soll nun bestmöglichst die ursprüngliche, spezifische Zielsetzung der Planungseinheit erfüllen. Durch die Überprüfung der Randbedingungen und des Ergebnisses selbst, kann diese Anforderung abgesichert werden.

Nach Abschluß eines Planungslaufes kann die Einhaltung von Randbedingungen, die den Verfahrensablauf und das Planungsergebnis maßgeblich beeinflussen, überprüft und bewertet werden. Die einzuhaltenden Randbedingungen beziehen sich auf die Streuung der Werte der absoluten auftragsbezogenen Zielerreichungsbeiträge und die zugehörigen Zielfunktionen.

Das Planungsergebnis selbst ist ebenfalls meßbar und wird einerseits in Form von Vorgabewerten zur möglichen Zielerreichung an die Planungseinheiten weitergegeben und dient andererseits zur Absicherung des Verfahrens selbst. Hierzu ist es zuerst erforderlich, das Zielsystem der Auftragseinplanung auf das Planungsergebnis zu übertragen. Dies erfolgt durch eine Umwandlung der Einzelziele des Zielsystems der Auftragseinplanung in Kennzahlen. Anschließend ist durch die Messung des Planungsergebnisses durch Kennzahlen zu untersuchen, inwieweit sich die spezifische Zielsetzung der Planungseinheit im Planungsergebnis wiederfindet. Dies erfolgt durch die Ermittlung einer Planungsgüte als Abgleich zwischen der spezifischen Zielsetzung der Planungseinheit und den gemessenen Kennzahlen des Planungsergebnisses.

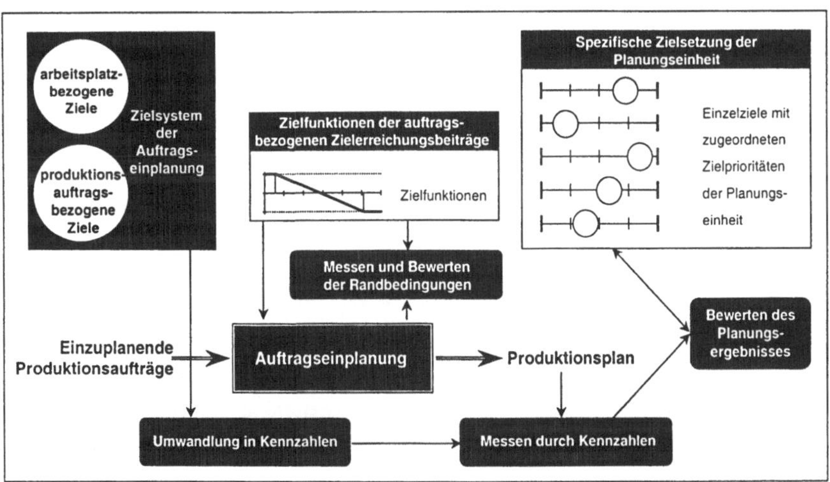

Abbildung 6-23   Schematische Darstellung des Messens und Bewertens des Planungsergebnisses

6.5.1 Messen und Bewerten der Randbedingungen

Die Auswahl einer Fertigungsoperation aus dem dynamischen Aktionsraum wird wie im Kapitel 6.4.3 gezeigt, anhand der Abschätzung von Wirkungen der Handlungsalternativen auf Ziele, den normierten auftragsbezogenen Zielerreichungsbeiträgen, vorgenommen. Diese Entscheidung für eine Fertigungsoperation soll weitestgehend in den meisten Entscheidungssituationen als „echte Entscheidung" getroffen werden. Eine „echte Entscheidung" zeichnet sich dadurch aus, daß die Entscheidungsmerkmale sich in der Unterschiedlichkeit der Handlungsalternativen widerspiegelt. Trifft dies nicht zu, werden sekundäre Entscheidungsmerkmale[86] herangezogen, die jedoch nicht zwangsläufig der Zielsetzung des Erreichens eines gewünschten Zustandes durch die Entscheidung genügen.

Die Entscheidungsmerkmale der Entscheidungssituation im dynamischen Aktionsraum sind die normierten auftragsbezogenen Zielerreichungsbeiträge. Für die Forderung nach einer „echten Entscheidung" bedeutet dies, daß sichergestellt sein muß, daß sich der Großteil der Fertigungsoperationen bzgl. der Bewertung der absoluten auftragsbezogenen Zielerreichungsbeiträge unterscheidet und zur Entscheidung herangezogen werden.

Bei der Definition der Zielfunktionen wurde in Kapitel 6.4.2 das Verhalten von absoluten auftragsbezogenen Zielerreichungsbeiträgen, die kleiner als der Minimalwert bzw. größer als der Maximalwert sind, festgelegt. In diesen Fällen wird der normierte Zielerreichungsbeitrag des Minimal- bzw. Maximalwertes übernommen. Erfolgt dies für eine Vielzahl der Fertigungsoperationen, unterscheiden sich deren Bewertung lediglich in den zwei Werten der Minimal- und Maximalwerte. Für eine „echte Entscheidung" ist diese eingeschränkte Unterschiedlichkeit jedoch nicht geeignet. Vielmehr ist dafür zu sorgen, daß nur eine bestimmte Menge der Fertigungsoperationen mit den Werten der Minimal- und Maximalwerte bewertet wird.

Hierzu wird der Deckungsgrad der Zielfunktion zur Auftretenshäufigkeit der absoluten Zielerreichungsbeiträge ermittelt. Er definiert den Prozentsatz der absoluten auftragsbezogenen Zielerreichungsbeiträge, die zwischen dem Minimal- und Maximalwert liegen, im Verhältnis zur Gesamtzahl der absoluten auftragsbezogenen Zielerreichungsbeiträge.

Bei einem großen Deckungsgrad ergibt eine vergleichende Beurteilung der Zielerreichungsbeiträge, wie sie in der Entscheidungssituation vorgenommen werden, sich deutlich unterscheidende Bewertungen, d. h., es können „echte Entscheidungen" getroffen werden. Wie oben ausgeführt, kann erst dann eine zielorientierte Auswahlentscheidung aufgrund der Unterschiedlichkeit der Handlungsalternativen getroffen werden. Ist der Deckungsgrad sehr klein, werden viele auftragsbezogenen Zielerreichungsbeiträge gleich bewertet, mit Minimal- oder Maximalwerten. Eine Auswahlentscheidung, die auf der

---

[86] Sekundäre Entscheidungsmerkmale sind meist bestimmt Ordnungskriterien der Handlungsalternativen, die jedoch vollständig unabhängig von den Entscheidungskriterien sind.

Unterschiedlichkeit der Handlungsalternativen aufbaut, wird in diesem Fall nicht aufgrund zielorientierter Unterscheidungsmerkmale getroffen.

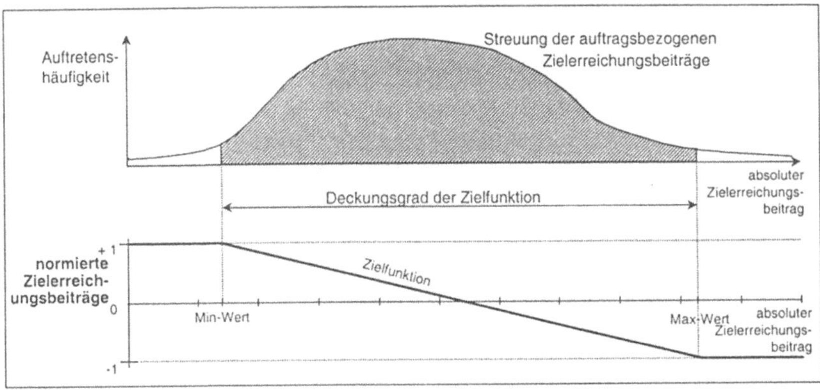

Abbildung 6-24   Deckungsgrad der Zielfunktion zur Auftretenshäufigkeit der auftragsbezogenen Zielerreichungsbeiträge

Der Deckungsgrad der Zielfunktionen ist somit ein Kriterium zur Beurteilung der Entscheidungsgüte und damit auch für die Güte des Verfahrens, daß sicherstellt, das die Entscheidungskriterien der unterschiedlichen Zielerreichungsbeiträge auch innerhalb des Verfahrens berücksichtigt werden. Weicht der Deckungsgrad der Zielfunktionen zu sehr von einem vorgegebenen Soll-Deckungsgrad ab, ist die Güte des Verfahrens nicht mehr abgesichert.

6.5.2   Messen durch Kennzahlen

Das Zielsystem der Auftragseinplanung ist, wie in Kapitel 6.3 definiert, eine Gesamtheit der Einzelziele bzgl. der Zustände der Produktionsstruktur oder der Produktionsaufträge. Dementsprechend sind die Einzelziele in arbeitsplatzbezogene Ziele und in produktionsauftragsbezogene Ziele unterteilt. Die Einzelziele kennzeichnen Zustände des Produktionssystems die durch die Funktion der Auftagseinplanung erreicht werden sollen. Diese Zustandsgrößen sind nach Ablauf der Auftragseinplanung am Planungsergebnis, dem Produktionsplan, zu identifizieren.

Die Umwandlung der Einzelziele in Kennzahlen erfolgt durch die Übertragung der Aussage der Einzelziele auf den zu messenden Zustand der Informationen des Planungsergebnisses. Die Verwendung der Kennzahlen lehnt sich im Rahmen dieser Arbeit an die allgemein übliche Definitionen der Kennzahlen für die Einzelziele der Auftragseinplanung an.

1. Kennzahl Termintreue der Produktionsaufträge

Die Kennzahl Termintreue der Produktionsaufträge besagt, inwieweit die im Rahmen der Grobplanung zugesagten Liefertermine durch die Auftragseinplanung als Plantermine des Produktionsplanes eingehalten werden.

Verwendete Angaben zur Ermittlung der Kennzahl:

- zugesagter Liefertermin des Produktionsauftrags

- geplanter Endtermin des Produktionsauftrags lauf Produktionsplan.

Der geplante Endtermin des Produktionsauftrags ist identisch mit dem Fertigstellungstermin der letzten Fertigungsoperation in der Fertigungsfolge des Produktionsauftrags.

Das Ziel einer hohen Termintreue besagt, daß die Produktionsaufträge möglichst nahe an dem zugesagten Liefertermin fertiggestellt werden. Eine zu frühe Fertigstellung wirkt sich auf die Kennzahl genauso negativ aus, wie eine zu späte Fertigstellung des Produktionsauftrags.

$$\text{Termintreue} = \frac{\sum\limits_{\substack{\text{alle} \\ \text{Prod.aufträge}}} | (\text{Fertigstellungstermin Produktionsauftrag} - \text{zugesagter Liefertermin}) |}{\text{Anzahl der Produktionsaufträge}}$$

Abbildung 6-25   Formel zur Ermittlung der Termintreue der Produktionsaufträge

2. Kennzahl Durchlaufzeit der Produktionsaufträge

Die Kennzahl Durchlaufzeit der Produktionsaufträge betrachtet die für die Abarbeitung der gesamten Fertigungsfolge benötigte Zeitdauer und wird als Durchschnittswert aller eingeplanten Produktionsaufträge ermittelt.

Verwendete Angaben zur Ermittlung der Kennzahl:

- Starttermin der ersten Fertigungsoperation des Produktionsauftrags

- Endtermin der letzten Fertigungsoperation des Produktionsauftrags

$$\text{Durchlaufzeit} = \frac{\sum\limits_{\substack{\text{alle} \\ \text{Prod.aufträge}}} \text{Fertigstellungstermin Produktionsauftrag} - \text{Starttermin erste Fertigungsoperation}}{\text{Anzahl der Produktionsaufträge}}$$

Abbildung 6-26   Formel zur Ermittlung der Durchlaufzeit der Produktionsaufträge

3. Kennzahl Kapazitätsauslastung der Planungseinheit

Die Kennzahl Kapazitätsauslastung der Planungseinheit weist den Anteil der zur Abarbeitung der Fertigungsoperationen benötigten Belegungszeit der Arbeitsplätze der Planungseinheit im Verhältnis zu der Zeitdauer vom Beginn der Belegung bis zur Fertigstellung der letzten Fertigungsoperation auf dem jeweiligen Arbeitsplatz aus. Damit ergibt sich eine unterschiedliche Periodenlänge für die jeweiligen Arbeitsplätze. Dies ist jedoch erforderlich, da zu einer Beurteilung der Kapazitätsauslastung die Abhängigkeit von den zum Startzeitpunkt des Planungszykluses zur Verfügung stehenden Produktionsaufträgen herausgefiltert werden muß.

Verwendete Angaben zur Ermittlung der Kennzahl:

- Dauer der Fertigungsoperationen

- Endtermin des letzten Arbeitsganges auf einem Arbeitsplatz

$$\text{Kapazitäts-auslastung} = \frac{\sum_{\text{alle}}^{\text{Arbeitsplätze}} \text{Dauer der Fertigungsoperationen}}{\sum_{\text{alle}}^{\text{Arbeitsplätze}} \left(\text{Fertigstellungstermin letzte Fertigungsoperation} - \text{Starttermin erste Fertigungsoperation} \right)}$$

Abbildung 6-27   Formel zur Ermittlung der Kapazitätsauslastung der Planungseinheit

4. Kennzahl wertmäßige Bestände an Produktionsaufträgen in Arbeit in der Planungseinheit

Die Kennzahl wertmäßige Bestände an Produktionsaufträgen in Arbeit in der Planungseinheit betrachtet die noch nicht fertiggestellten Produktionsaufträge, die im Betrachtungszeitraum durch die Planungseinheit bearbeitet werden oder auf eine Bearbeitung an einem Arbeitsplatz der Planungseinheit warten.

Die Messung der Bestände in physischen Einheiten, etwa Kilogramm oder Stück, ist mit dem Nachteil verbunden, daß verschiedene Teilearten in bezug auf ihre physischen Mengen im allgemeinen nicht vergleichbar sind. Sie kommt dann in Frage, wenn verschiedene Teilearten einander hinreichend ähnlich sind. Die Messung der Bestände erfolgt deshalb in bis zum Betrachtungszeitpunkt aufkummulierten Herstellkosten der Produktionsaufträge. Hierzu werden die Materialeinstandspreise des Vormaterials als Ausgangspunkt genommen. Die Arbeitsinhalte der Fertigungsoperationen werden abhängig von der Bearbeitungsdauer und den pro Zeiteinheit zu berechnenden Kosten der Belegung des Arbeitsplatzes für jede Fertigungsoperation hinzugezählt. Die Kosten der Belegung der Arbeitsplätze sind Angaben, die den Arbeitsplätzen fest zugeordnet sind. Es ergibt sich somit ein kontinuierlich ansteigender Betrag für die Herstellkosten des Produktionsauftrags, der abhängig für die jeweiligen Bearbeitungsstufe innerhalb der Fertigungsfolge ist.

Zur Ermittlung der wertmäßigen Bestände wird desweiteren betrachtet, wie lange ein Produktionsauftrag in der jeweiligen Bearbeitungsstufe verweilt. Diese Verweilzeit wird mit den aufkummulierten Herstellkosten der Bearbeitungsstufe multipliziert, um die Bestandshöhe zu ermitteln. Zur Vereinfachung der Berechnung wird festgelegt, daß ein Produktionsauftrag mit den Herstellkosten einer Bearbeitungsstufe bewertet wird, bis die nächste Fertigungsoperation abgeschlossen ist.

Verweilzeit in Bearbeitungsstufe	= Startzeitpunkt nachfolgende Fertigungsoperation - Fertigstellungszeitpunkt Fertigungsoperation
Herstellkosten der Bearbeitungsstufe	= Dauer der Fertigungsoperation * Kosten der Belegung des Arbeitsplatzes
Kummulierte Herstellkosten der Bearbeitungsstufe	= kummulierte Herstellkosten der vorhergehenden Bearbeitungsstufe + Herstellkosten der Bearbeitungsstufe

$$\text{Bestände} = \sum_{\text{alle}}^{\text{Prod.aufträge}} (\text{Verweilzeit in Bearbeitungsstufe} * \text{Kummulierte Herstellkosten der Bearbeitungsstufe})$$

Abbildung 6-28   Formel zur Ermittlung der wertmäßigen Bestände an Produktionsaufträgen in Arbeit

6.5.3 Bewerten des Planungsergebnisses

Entsprechend den in Kapitel 3 aufgestellten Anforderungen, ist es für das Verfahren erforderlich, sich verändernde, dynamische Zielsetzungen der Planungseinheiten im Planungsergebnis abzubilden. Verschieben sich also in der spezifischen Zielsetzung einer Planungseinheit die Zielprioritäten, muß dies Auswirkungen auf das Planungsergebnis haben.

Um dies nachweisen zu können, ist es notwendig, die spezifische Zielsetzung der Planungseinheit und das Planungsergebnis der Auftragseinplanung in eine Relation zu setzen. Die spezifische Zielsetzung der Planungseinheit liegt in der Form von gewichteten Einzelzielen, den Zielprioritäten vor. Das Planungsergebnis liegt als Produktionsplan und in Form der Kennzahlen des Produktionsplans vor. Wie in Kapitel 6.5.2 ausgeführt, entsprechen die Kennzahlen den Einzelzielen der Auftragseinplanung. Dementsprechend kann also eine Gegenüberstellung der Zielprioritäten mit den Kennzahlen der Einzelziele vorgenommen werden. Vor der Gegenüberstellung muß dafür gesorgt werden, daß die Kennzahlen der Einzelziele in relative Größen umgewandelt werden, da sie bis dahin in absoluten Werten und unterschiedlichen Einheiten[87] vorliegen.

Wird die obige Anforderung erfüllt, ist bei einer Veränderung der Zielprioritäten auch eine Veränderung der Kennzahlen festzustellen. Diese muß jedoch sowohl auf seiten der Zielpriorität als auch auf seiten der relativen Kennzahl in die gleiche Richtung gehen. D. h. das bei der Höherpriorisierung eines Zieles und der Beibehaltung der anderen Zielprioritäten auch die Kennzahl des höherpriorisierten Zieles sich verbessern muß, evtl. auch zu Lasten der anderen Kennzahlen. Bei umgekehrten Vorgehen bzgl. der Zielpriorität muß sich auf Seite der Kennzahlen die gegenläufige Entwicklung einstellen. Dieser Effekt wird als äquivalentes Verhalten von Zielsystem und Planungsergebnis bezeichnet.

---

[87] Die Kennzahlen wie sie in Kapitel 6.5.3 definiert wurden liegen in den Einheiten % (Termintreue und Kapazitätsauslastung), Zeiteinheiten, z. B.: Tage, Wochen, .. (Durchlaufzeiten) und Werteinheiten z. B.: DM, TDM,..(Bestandskosten) vor.

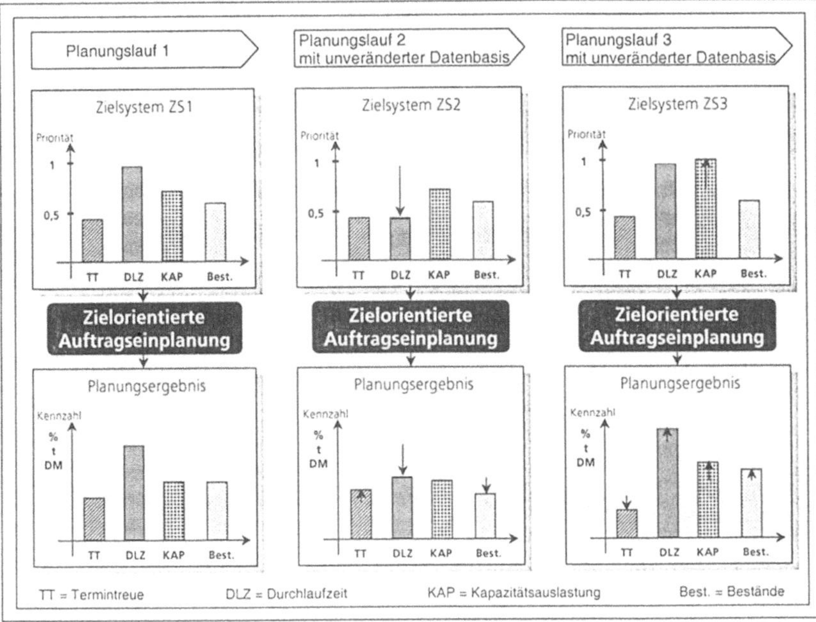

Abbildung 6-29   Äquivalentes Verhalten von Zielsystem und Planungsergebnis

Um für die Gegenüberstellung der Zielprioritäten mit den Kennzahlen eine Basis zu bekommen auf die hin das äquivalente Verhalten überprüft werden kann, ist es erforderlich, ein Vergleichsergebnis festzuhalten. Somit kann bei Variation der Zielprioritäten eine vergleichende Betrachtung der sich einstellenden Kennzahlen durchgeführt werden.

7 Verfahrensablauf zur zielorientierten Auftragseinplanung

Nachdem in den vorangegangenen Kapiteln, aufbauend auf den Anforderungen an das Verfahren, die Grundlagen des zielorientierten Auftragseinplanungsverfahrens entwickelt wurden, werden im folgenden Kapitel die entsprechenden Verfahrensschritte betrachtet und in einen Gesamtablauf integriert.

Gemäß dem aufgestellten Modell, setzt sich das Produktionssystem aus der Produktionsstruktur, der organisatorischen Struktur der Arbeitsplätze, und den Produktionsaufträgen zusammen. Produktionsaufträge werden ihrerseits über die Fertigungsfolge der, im zeitlichen Ablauf beschriebenen, Fertigungsoperationen dargestellt. Die Aufgabe des zielorientierten Planungsverfahrens liegt in der Berücksichtigung der spezifischen Zielsetzung einer Planungseinheit bei der Auftragseinplanung.

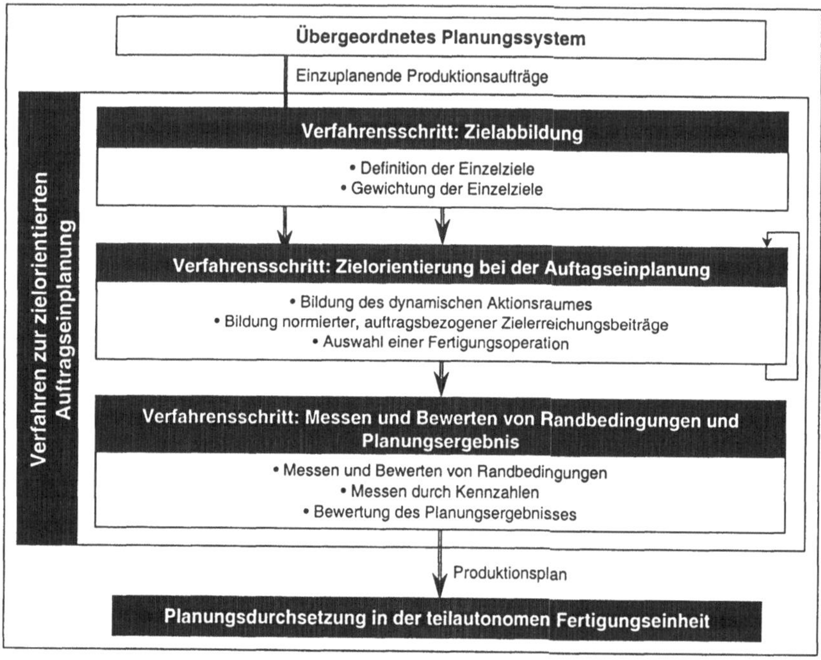

Abbildung 7-1   Verfahrensablauf zur zielorientierten Auftragseinplanung

Hierzu werden im ersten Verfahrensschritt die Ziele der Planungseinheit definiert, gewichtet und abgebildet. Im folgenden Verfahrensschritt werden die gewichteten Ziele als aktive Komponente im iterativen Ablauf der Auftragseinplanung herangezogen. Hierzu wird anhand normierter und auftragsbezogener Zielerreichungsbeiträge, wie sie in Kap. 6.4 definiert sind, aus dem dynamischen Aktionsraum einer Fertigungsoperation ausgewählt. Die Messung und Bewertung des Planungsergebnisses bildet den letzten Schritt des Verfahrensablaufs. Hierbei wird durch die Messung des Planungsergebnisses durch Kennzahlen eine Bewertung durchgeführt.

7.1 Zielabbildung mit dynamischen Zielprioritäten

Die Abbildung der Ziele einer Planungseinheit beinhaltet die Zieldefinition und die Gewichtung der Ziele durch die Festlegung von Zielprioritäten. Aus der Verknüpfung von Zieldefinition und Zielpriorität ergibt sich die spezifische Zielsetzung der Planungseinheit.

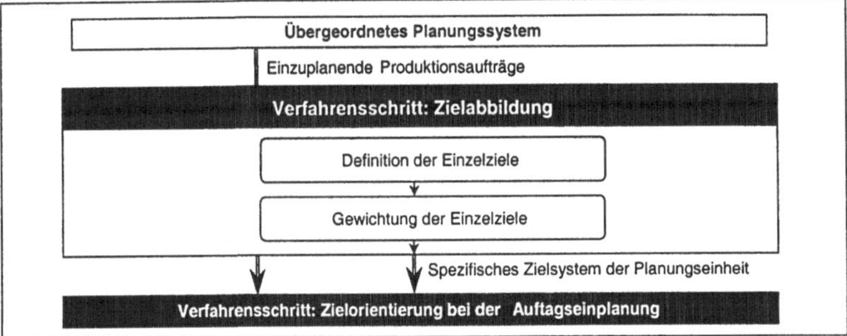

Abbildung 7-2   Verfahrensablauf der Zielabbildung

Aufgabe dieses Verfahrensschrittes ist, die spezifische Zielsetzung der Planungseinheit formal abzubilden, um in den folgenden Verfahrensschritten hierauf aufzubauen. Die Abbildung der Ziele lehnt sich dabei an die in Kapitel 6 aufgeführten Begriffsbestimmungen des VDI-Ausschusses Grundlagen der Technikbewertung an.

Die Ziele des Planungsverfahrens werden demnach als Zustände des dynamischen Modells des Produktionssystems abgebildet und können durch die Bedarfsleisten der Produktionsaufträge und über die Belegungsleisten der Arbeitsplätze einer Planungseinheit festgestellt werden. Die Zustände werden jeweils nach Ablauf des Planungsverfahrens beauskunftet.

Das in dieser Arbeit entwickelte Planungsverfahren zur Auftragseinplanung verfolgt die 4 Einzelziele[88] der

- Maximierung der Termintreue der Produktionsaufträge,

- Minimierung der Durchlaufzeit der Produktionsaufträge,

- Maximierung der Kapazitätsauslastung der Planungseinheit und

- Minimierung der wertmäßigen Bestände an Produktionsaufträgen in Arbeit in der Planungseinheit,

---

[88] Wie bereits in Kapitel 6 ausgeführt, werden durch das im Rahmen dieser Arbeit entwickelten Verfahrens die Einzelziele der Termintreue, der Durchlaufzeit, der Kapazitätsauslastung und der Bestände an Produktionsaufträgen betrachtet. Das Verfahren ist jedoch grundsätzlich in der Lage auch weitere Zielgrößen mit zu berücksichtigen und in den Verfahrensablauf zu integrieren, wenn die für die betrachteten Ziele verwendete Methodik bei der Abbildung der Ziele und bei der Bildung auftragsbezogener Zielerreichungsbeiträge beibehalten wird. Die im Rahmen dieser Arbeit betrachteten Ziele bilden die Planungsproblematik der Auftragseinplanung jedoch hinreichend ab.

die jeweils aus zwei Bestandteilen zusammengesetzt sind:

- Die beschreibende Kennzeichnung des Zustands des Produktionssystems nach Ablauf des Planungsverfahrens und

- der Auszeichnung des Zustands nach Ablauf des Planungsverfahrens, der erstrebt wird.

Die formale Abbildung der Ziele lehnt sich dabei an die in Kapitel 6.5.1 definierten Kennzahlen an.

1. Einzelziel: Maximierung der Termintreue der Produktionsaufträge

Das Einzelziel der Maximierung der Termintreue der Produktionsaufträge betrachtet die Terminabweichung nach dem Ablauf des Planungsverfahrens, die sich aus der Differenz des zugesagten Liefertermins aus der Grobplanung des Produktionsauftrags und dem, durch das Planungsverfahren planerisch realisierten Fertigstellungstermin der letzten Fertigungsoperation ergibt. Hierzu wird im dynamischen Modell des Produktionssystems die Bedarfsleiste der Produktionsaufträge beauskunftet.

Die Auszeichnung des erstrebten Zustands nach Ablauf des Planungsverfahrens wird für das Einzelziel der Maximierung der Termintreue der Produktionsaufträge mit einer möglichst geringen Terminabweichung für alle Produktionsaufträge angegeben.

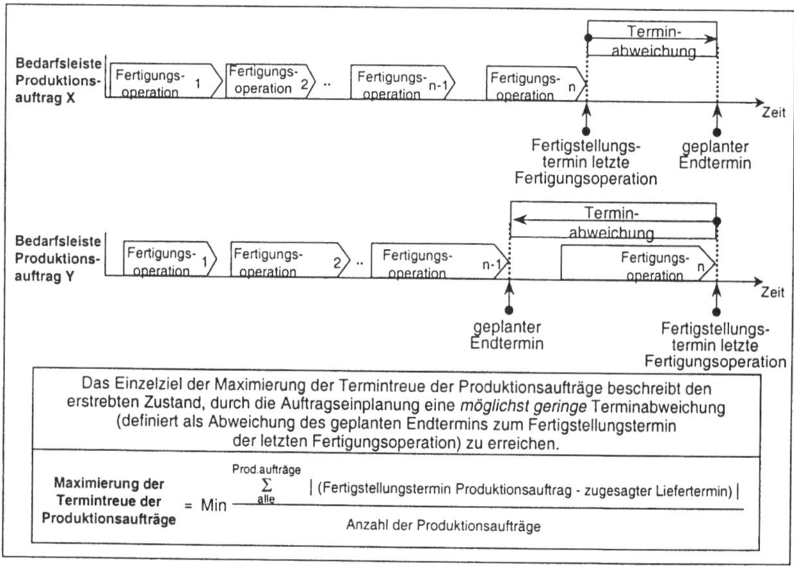

Das Einzelziel der Maximierung der Termintreue der Produktionsaufträge beschreibt den erstrebten Zustand, durch die Auftragseinplanung eine *möglichst geringe* Terminabweichung (definiert als Abweichung des geplanten Endtermins zum Fertigstellungstermin der letzten Fertigungsoperation) zu erreichen.

$$\text{Maximierung der Termintreue der Produktionsaufträge} = \text{Min} \; \frac{\sum_{\text{alle}}^{\text{Prod.aufträge}} | (\text{Fertigstellungstermin Produktionsauftrag} - \text{zugesagter Liefertermin}) |}{\text{Anzahl der Produktionsaufträge}}$$

Abbildung 7-3   Zielabbildung des Einzelziels: Maximierung der Termintreue der Produktionsaufträge

2. Einzelziel: Minimierung der Durchlaufzeit der Produktionsaufträge

Das Einzelziel der Minimierung der Durchlaufzeit der Produktionsaufträge betrachtet die Zeitdauer des Beginns der ersten Fertigungsoperation bis zur Fertigstellung der letzten Fertigungsoperation eines Produktionsauftrags. Im dynamischen Modell des Produktionssystems sind beide Zeitpunkte in der Bedarfsleiste eines Produktionsauftrags abgebildet.

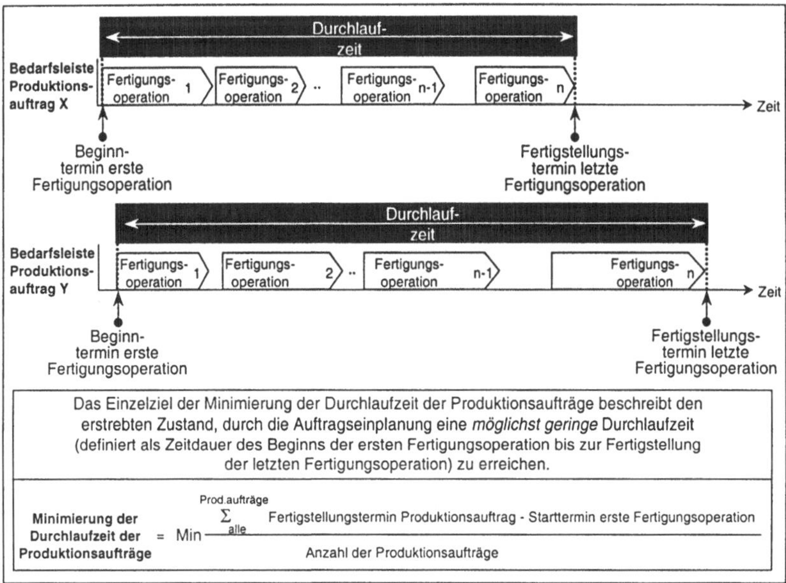

Abbildung 7-4   Zielabbildung des Einzelziels: Minimierung der Durchlaufzeiten der Produktionsaufträge

Nach Ablauf des Planungsverfahrens soll für die Produktionsaufträge eine möglichst geringe Durchlaufzeit erstrebt werden, um das Einzelziel der Maximierung der Termintreue der Produktionsaufträge zu erreichen.

3. Einzelziel: Maximierung der Kapazitätsauslastung der Planungseinheit

Das Einzelziel der Maximierung der Kapazitätsauslastung der Planungseinheit betrachtet für jeden Arbeitsplatz der Planungseinheit, vom Zeitpunkt der Belegung des Arbeitsplatzes mit der ersten Fertigungsoperation eines Produktionsauftrags an, bis zum Zeitpunkt der Fertigstellung der letzten Fertigungsoperation auf diesem Arbeitsplatz den Anteil der belegten Zeit im Verhältnis zum gesamten, betrachteten Zeitraum. Hierzu wird im dynamischen Modell des Produktionssystems die Belegungsleiste der Arbeitsplätze beauskunftet.

Nach Ablauf des Verfahrens soll für die Planungseinheit eine möglichst hohe Kapazitätsauslastung erstrebt werden, um das Einzelziel der Maximierung der Kapazitätsauslastung der Planungseinheit zu erreichen.

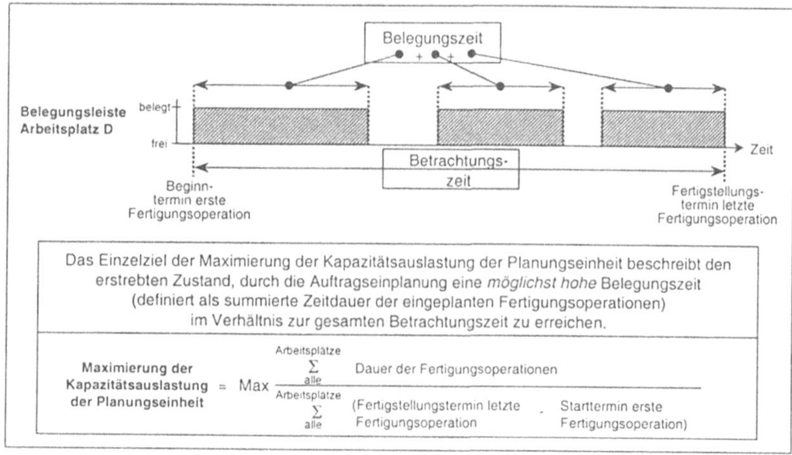

Abbildung 7-5   Zielabbildung des Einzelziels: Maximierung der Kapazitätsauslastung der Planungseinheit

4. Einzelziel: Minimierung der wertmäßigen Bestände an Produktionsaufträgen in Arbeit

Das Einzelziel der Minimierung der wertmäßigen Bestände an Produktionsaufträgen in Arbeit in der Planungseinheit betrachtet für jeden Produktionsauftrag dessen Verweilzeit in der entsprechenden Bearbeitungsstufe und bewertet diesen mit den bis zu dieser Bearbeitungsstufe aufkummulierten Herstellkosten. Die entsprechenden Angaben werden den Bedarfsleisten der Produktionsaufträgen entnommen.

Nach Ablauf des Planungsverfahrens sollen die wertmäßigen Bestände möglichst gering sein, um das Einzelziel zu erreichen.

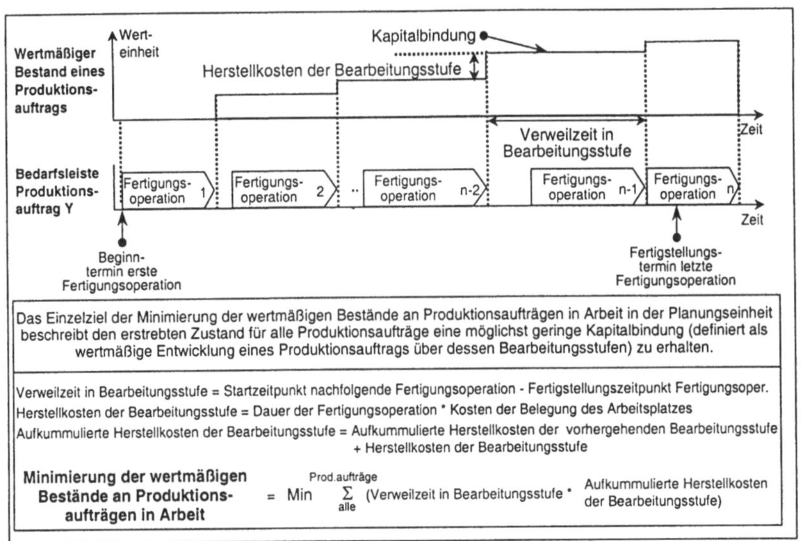

Abbildung 7-6   Zielabbildung des Einzelziels: Minimierung der wertmäßigen Bestände an Produktionsaufträgen in Arbeit in der Planungseinheit

Zur Vervollständigung des Verfahrensschritts der Zielabbildung ist es abschließend notwendig, die Einzelziele gegeneinander zu gewichten, um für die Planungseinheit zu einer spezifischen Zielsetzung zu gelangen. Dazu wird jedem Einzelziel eine Zielpriorität zugewiesen, die durch eine reelwertige Zahl aus dem Intervall [0, 1] dargestellt ist. Für den Ablauf des Planungsverfahrens ist weniger der konkrete Wert der Zielpriorität von Bedeutung, als vielmehr die Gewichtung des Einzelziels im Verhältnis zur Gewichtung der anderen Einzelziele. Zur Verdeutlichung, wird das spezifische Zielsystem der Planungseinheit als Ganzes, mit allen Einzelzielen, dargestellt. Die Gewichtung der Einzelziele kann entweder als Zuweisung eines konkreten Wertes einer Zielpriorität vorgenommen werden oder kann aus der graphischen Position innerhalb des Werteintervalls bestimmt werden. Das Verhältnis der Zielprioritäten der Einzelziele kann somit wesentlich besser visualisiert werden.

Einzelziel	Unscharfe Gewichtung eines Einzielziels	Zielpriorität
	0 1	
Maximierung der Termintreue	0 1	0,55
Minimierung der Durchlaufzeit	0 1	0,8
Maximierung der Kapazitätsauslastung	0 1	0,2
Minimierung der wertmäßigen Bestände	0 1	0,7

Abbildung 7-7   Unscharfe Gewichtung der Einzelziele

7.2 Zielorientierung bei der Auftragseinplanung

Ziel der Zielorientierung bei der Auftragseinplanung ist es, aufbauend auf dem spezifischen Zielsystem der Planungseinheit, die einzuplanenden Produktionsaufträge terminlich auf die Arbeitsplätze zu belegen.

Der Verfahrensschritt läuft in Iterationsschleifen ab, solange noch einzuplanende Produktionsaufträge vorhanden sind und diese noch nicht vollständig mit allen Fertigungsoperationen auf die Arbeitsplätze eingeplant sind. Deswegen ist es zum Beginn einer jeden Iterationsschleife notwendig, den Einplanungszeitpunkt zu aktualisieren.

In Abhängigkeit vom Einplanungszeitpunkt werden anschließend die Produktionsaufträge im dynamischen Aktionsraum bestimmt, für die im folgenden die auftragsbezogenen Zielerreichungsbeiträge ermittelt werden.

Erster Teilschritt hierzu ist die Ermittlung der dynamischen Merkmale der Produktionsaufträge. Aus diesen lassen sich die absoluten auftragsbezogenen Zielerreichungsbeiträge ableiten. Unter Verwendung der Zielfunktionen der Einzelziele werden die Zielerreichungsbeiträge bewertet und normiert.

Nach erfolgter Auswahl einer Fertigungsoperation, anhand des verwendeten Entscheidungsmodells, wird als letzter Teilschritt einer Iterationsschleife die Belegung des Arbeitsplatzes vorgenommen.

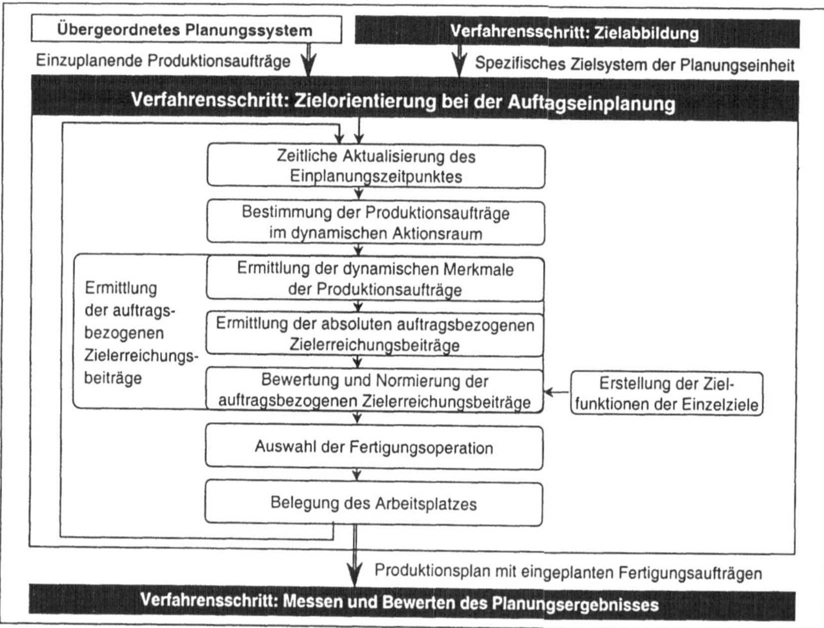

Abbildung 7-8   Verfahrensablauf zur Zielorientierung bei der Auftragseinplanung

7.2.1 Zeitlicher Ablauf der Planung

Da es sich bei dem Verfahren zur zielorientierten Auftragseinplanung um ein dynamisches Verfahren handelt, ist es für jede der Iterationsschleifen im Verfahrensablauf unbedingt erforderlich, den aktuellen Einplanungszeitpunkt zu bestimmen. Der Einplanungszeitpunkt ist zeitlicher Bezugspunkt zur Ermittlung der Produktionsaufträge im dynamischen Aktionsraum und gleichzeitig auch zeitlicher Bezugspunkt für die dynamischen Merkmale der Produktionsaufträge.

Beim ersten Iterationslauf erfolgt die Ermittlung des nächsten Einplanungszeitpunktes vom Startzeitpunkt t_0, bei den nächsten Iterationsläufen jeweils vom Einplanungszeitpunkt t_x. In beiden Fällen richtet sich die Ermittlung des nächsten Einplanungszeitpunktes nach den Kriterien:

1. welcher Arbeitsplatz ist als nächster frei und

2. existiert zu diesem Zeitpunkt ein Bedarf zur Ausführung einer Fertigungsoperation?

Für den Planungsablauf bedeutet dies, daß sich diskrete Zeitfortschritte des Einplanungszeitpunkts ergeben und jeweils ein Wechsel des Arbeitsplatzes der als nächstes beplant wird möglich ist, wie in Abbildung 7-9 veranschaulicht. In diesem Beispiel erfolgt für die Einplanungszeitpunkte t_1 bis t_4 ein Wechsel der Arbeitsplätze von C, nach A, nach E und nach B. Ebenfalls wird deutlich, daß zur Ermittlung des nächsten Einplanungszeitpunkts bereits die aktuell durchgeführte Belegung des Arbeitsplatzes berücksichtigt wird, woraus sich wie im Beispiel zum Einplanungszeitpunkt t_4 ergeben kann, daß ein Arbeitsplatzwechsel aufgrund der Zeitdauer der Neubelegung durch den ausgewählten Produktionsauftrag nicht erforderlich ist.

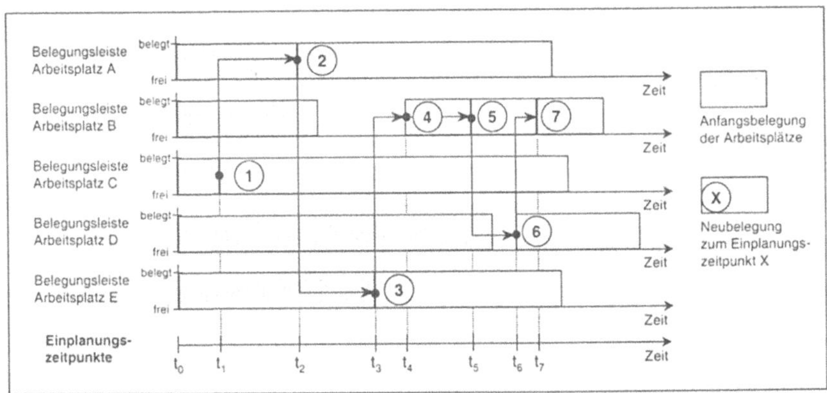

Abbildung 7-9   Zeitlicher Ablauf der Planung

Das zweite Kriterium des Vorhandenseins eines Bedarfes zur Ausführung einer Fertigungsoperation wird in der Abbildung für Arbeitsplatz B deutlich. Kurz nach dem Einplanungszeitpunkt t_2 ist freie Kapazität vorhanden, ein Bedarf besteht jedoch erst zum Zeitpunkt t_4, womit der Arbeitsplatz bis dahin unbelegt ist. Ergebnis des Teilschritts ist somit die Bestimmung des Einplanungszeitpunktes t_x für den Arbeitsplatz A_y.

7.2.2 Bestimmung des dynamischen Aktionsraumes

In diesem Teilschritt des Verfahrensablaufs werden die zum Einplanungszeitpunkt zur Auswahl stehenden Fertigungsoperationen ermittelt und zum dynamischen Aktionsraum zusammengeführt.

Kriterium für die Zuordnung einer Fertigungsoperation zum dynamischen Aktionsraum ist, ob zum Einplanungszeitpunkt t_x für den Arbeitsplatz A_y aus der Menge der einzuplanenden Produktionsaufträge, Fertigungsoperationen vorhanden sind, die in der Abfolge der Fertigungssequenz des Produktionsauftrags als nächstes an Arbeitsplatz A_y zu bearbeiten sind, und zum Einplanungszeitpunkt t_x für die Bearbeitung bereitstehen.

Die Fertigungsoperationen werden mit den in Kapitel 6.2.1.2 beschriebenen statischen Merkmalen zum Produktionsauftrag und der auszuführenden Fertigungsoperation in den dynamischen Aktionsraum übernommen.

7.2.3 Ermittlung der auftragsbezogenen Zielerreichungsbeiträge

Hauptaufgabe der Ermittlung der auftragsbezogenen Zielerreichung ist, für die Fertigungsoperationen des dynamischen Aktionsraums, die erweiterten, dynamischen Merkmale bereitzustellen und über die Zielfunktionen der Einzelziele des Zielsystems zu bewerten und zu normieren, um die darauf folgende Auswahl der bestgeeigneten Fertigungsoperation aus dem dynamischen Aktionsraum durchführen zu können.

Bestimmend hierfür ist die Transformation der arbeitsplatz- und produktionsauftragsbezogenen Einzelziele des Zielsystems auf die Auswahlentscheidung im dynamischen Aktionsraum. Die Transformation wird durchgeführt auf Basis der Definition der Einzelziele, wie sie im vorhergehenden Verfahrensschritt Zielabbildung vorgenommen wurde. Die auf die Gesamtheit der Arbeitsplätze bzw. Produktionsaufträge formulierte Zielstellung wird dabei auf die Auswahlentscheidung im dynamischen Aktionsraum übertragen, d. h. auf einen einzelnen Arbeitsplatz bzw. auf einen einzelnen Produktionsauftrag übertragen, im Sinne der Fragestellung, welche Auswirkung die Auswahl dieser Fertigungsoperation auf das Erreichen des Einzelzieles hätte.

Bei einer echten Auswahlentscheidung, d. h., wenn mindestens zwei Fertigungsoperationen zum Einplanungszeitpunkt an einem Arbeitsplatz bereitstehen, ist die Auswirkung auf das Erreichen des Einzelzieles jedoch nur ermittelbar, wenn die Auswirkungen der Auswahlentscheidung auf den gesamten dynamischen Aktionsraum hin betrachtet werden. Das bedeutet, daß sowohl die Auswirkung auf das

Erreichen des Einzelzieles bzgl. des ausgewählten Produktionsauftrags ermittelt, als auch die Auswirkung durch das Nichtauswählen der restlichen Produktionsaufträge berücksichtigt werden muß. Ergeben sich bei der Betrachtung auf die Auswirkungen bzgl. des Arbeitsplatzes bzw. auf die Produktionsaufträge nicht bei allen Einzelzielen Unterscheidungsmerkmale für die Produktionsaufträge, muß die Betrachtung auf die restlichen Arbeitsplätze der Planungseinheit ausgedehnt werden.

1. Transformation des Einzelziels: Maximierung der Termintreue der Produktionsaufträge

Das Einzelziel der Maximierung der Termintreue der Produktionsaufträge betrachtet die sich nach dem Planungslauf ergebende Terminabweichung aller Produktionsaufträge.

Für die Auswahlentscheidung im dynamischen Aktionsraum bedeutet dies, daß durch die Auswahl einer Fertigungsoperation ein Beitrag zur möglichst termingerechten Erreichung des geplanten Endtermins geleistet werden kann. Für diesen Beitrag ist die bisherige, relative Terminabweichung[89] zu ermitteln. Die relative Terminabweichung berücksichtigt den Fertigungsfortschritt des Produktionsauftrags, bezieht also die aufsummierte Zeitdauer der restlichen Fertigungsoperationen in der Fertigungsfolge mit ein.

Die Auswahlentscheidung für eine Fertigungsoperation hat jedoch auch Auswirkungen auf die restlichen Produktionsaufträge im dynamischen Aktionsraum. Für die Zeitdauer der Ausführung der ausgewählten Fertigungsoperation wird ihr Bedarf an Fertigungskapazität nicht gedeckt. Sie stehen weiterhin in Wartestellung. Dies wirkt sich unmittelbar auf die relative Terminabweichung der restlichen Produktionsaufträge aus und hat auch Auswirkungen auf das Erreichen des Einzelzieles. Der geplante Endtermin dieser Produktionsaufträge kann nicht mehr erreicht werden, da ein Terminverzug eintritt, bzw. eine verfrühte Fertigstellung erfolgt.

Für die Transformation des Einzelziels der Maximierung der Termintreue der Produktionsaufträge bedeutet dies, daß sowohl die relative Terminabweichung eines jeden Produktionsauftrags berücksichtigt werden muß, als auch die relative Terminabweichung nach Ausführung der Fertigungsoperation für die jeweils restlichen Produktionsaufträge des dynamischen Aktionsraums. Die relative Terminabweichung der wartenden Fertigungsoperationen wird bezogen auf den Zeitpunkt der Fer-

---

[89] Die relative Terminabweichung bezeichnet die Zeitdauer von dem Fertigstellungstermin der letzten Fertigungsoperation, der sich ergibt, wenn alle restlichen Fertigungsoperationen unmittelbar hintereinander ausgeführt werden können, bis zum geplanten Endtermin des Produktionsauftrags. Die relative Terminabweichung hat einen positiven Wert, wenn der Produktionsauftrag früher fertig wird, und einen negativen Wert, wenn der Produktionsauftrag verspätet fertiggestellt wird.

tigstellung der betrachteten Fertigungsoperation[90]. Abbildung 7-10 zeigt dies im Falle der Auswahl der Fertigungsoperation eines Produktionsauftrags[91].

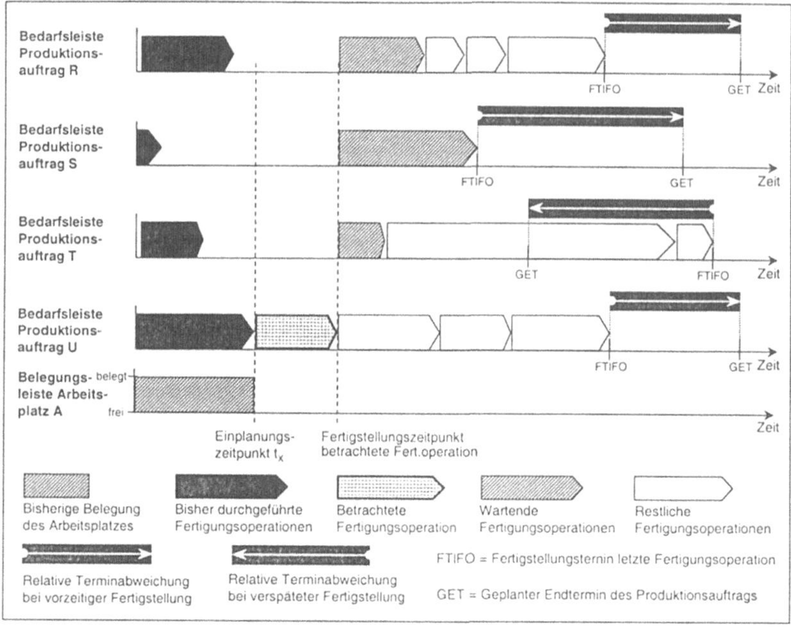

Abbildung 7-10   Transformation des Einzelzieles: Maximierung der Termintreue

Bei der Auswahlentscheidung im dynamischen Aktionsraum bedeutet also das Einzelziel der Maximierung der Termintreue eine möglichst geringe relative Terminabweichungen über den gesamten dynamischen Aktionsraum zu erreichen.

2. Transformation des Einzelziels: Minimierung der Durchlaufzeit der Produktionsaufträge

Das Einzelziel der Minimierung der Durchlaufzeit der Produktionsaufträge betrachtet die Zeitdauer des Fertigungsdurchlaufs vom Beginn der ersten bis zur Fertigstellung der letzten Fertigungsopera-

---

[90] Für die wartenden Fertigungsoperationen ist die Arbeitsplatzkapazität für die Zeitdauer bis zur Fertigstellung der betrachteten Fertigungsoperation belegt. Erst danach, bei wieder freier Arbeitsplatzkapazität kommt es zur erneuten Auswahlentscheidung, in der, wenn immer noch konkurrierende Fertigungsoperationen im dynamischen Aktionsraum vorhanden sind, eine erneute Ermittlung der relativen Terminabweichung erfolgt.

[91] In diesem Beispiel wird die Fertigungsoperation des Produktionsauftrags U ausgewählt. Für die Dauer dieser Fertigungsoperation warten die Fertigungsoperationen der Produktionsaufträge R,S und T auf die freie Kapazität des Arbeitsplatzes X. Bei der Transformation des Einzelziels der Maximierung der Termintreue der Produktionsaufträge zu berücksichtigen ist der relative Terminverzug des Produktionsauftrags U und die relativen Terminverzüge der Produktionsaufträge R, S und T, sofern eine verspätete Fertigstellung des Produktionsauftrags ermittelt wird.

tion für alle Produktionsaufträge. Die Durchlaufzeit setzt sich dabei aus den beiden Komponenten der Zeitdauer der Fertigungsoperationen und der Liegezeit[92] zwischen zwei Fertigungsoperationen zusammen.

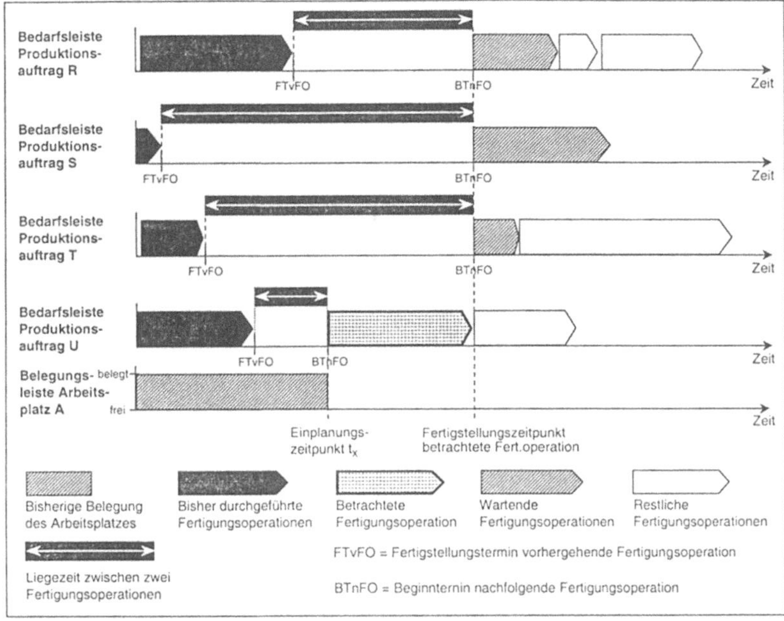

Abbildung 7-11   Transformation des Einzelzieles: Minimierung der Durchlaufzeiten

Durch das Auftragseinplanungsverfahren ist die Zeitdauer zur Ausführung der Fertigungsoperationen nicht beeinflußbar. Lediglich die Liegezeiten zwischen zwei Fertigungsoperationen können beeinflußt werden. Für die Transformation dieses Einzelziels bedeutet dies analog zu 1., daß sowohl die eigene Liegezeit eines Produktionsauftrags seit Ende der letzten Fertigungsoperation, als auch die Liegezeit der restlichen Produktionsaufträge bis zur Fertigstellung der ausgewählten Fertigungsoperation in den auftragsbezogenen Zielerreichungsbeitrag eingehen müssen. Für die restlichen Fertigungsoperationen verlängert sich die Liegezeit seit Fertigstellung der letzten Fertigungsoperation, also um die Bearbeitungszeit der ausgewählten Fertigungsoperation.

Für die Auswahlentscheidung im dynamischen Aktionsraum bedeutet also das Einzelziel der Minimierung der Durchlaufzeiten, möglichst geringe Liegezeiten über den gesamten dynamischen Aktionsraum zu erreichen.

---

[92] Die Liegezeit eines Produktionsauftrags ist die Zeitdauer von Fertigstellung einer Fertigungsoperation, bis zum Beginn der nächsten Fertigungsoperation.

3. Transformation des Einzelziels: Maximierung der Kapazitätsauslastung der Planungseinheit

Das Einzelziel der Maximierung der Kapazitätsauslastung der Planungseinheiten betrachtet für jeden Arbeitsplatz den Anteil der Belegungszeit im Verhältnis zur gesamten Betrachtungszeit. Die Transformation dieses Einzelziels auf die Auswahlentscheidung im dynamischen Aktionsraum unterscheidet sich vom Ansatz her von der Transformation in 1. und 2..

Alle im dynamischen Aktionsraum enthaltenen Fertigungsoperationen werden, sobald jeweils freie Kapazität am Arbeitsplatz vorhanden ist, eingeplant oder durch die Auswahl und Belegung einer anderen Fertigungsoperation zeitlich nach hinten verschoben, solange, bis nach Beendigung einer Fertigungsoperation kein Produktionsauftrag mehr für diesen Arbeitsplatz einen Bedarf an freier Kapazität hat. Für den Arbeitsplatz bedeutet dies, daß er bis zum vollständigen Abarbeiten der Fertigungsoperationen des dynamischen Aktionsraumes auf jeden Fall, unabhängig von der Einplanungsreihenfolge, kontinuierlich belegt ist. Für die Auswahlentscheidung ergibt sich hieraus kein Unterscheidungsmerkmal bzgl. des Einzelzieles der Kapazitätsauslastung des Arbeitsplatzes.

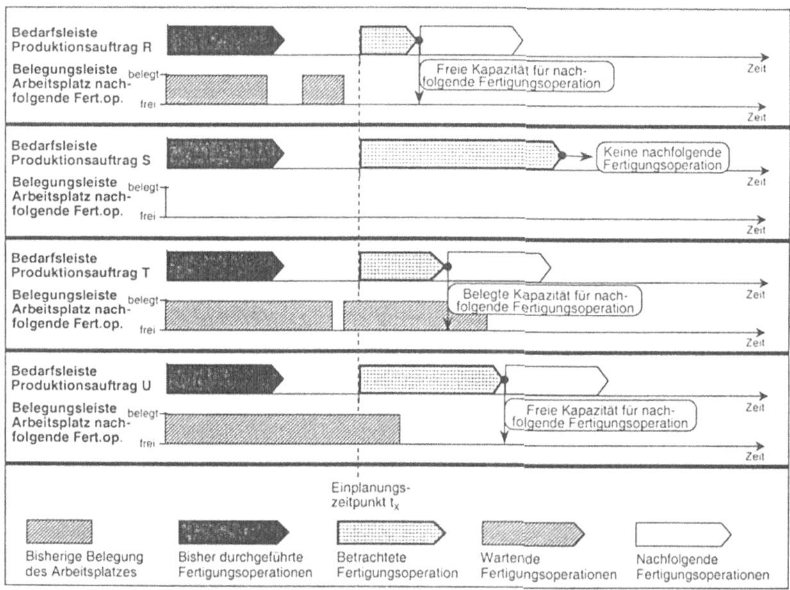

Abbildung 7-12   Transformation des Einzelzieles: Maximierung der Kapazitätsauslastung

In dieser Situation ist, zur Transformation des Einzelziels, die Betrachtung auf die restlichen Arbeitsplätze der Planungseinheit und die restlichen Fertigungsoperationen der Produktionsaufträge zu erweitern. Eine hohe Kapazitätsauslastung bedeutet, daß durch die Auswahlentscheidung in einer möglichst kurzen Zeitspanne wieder ein Kapazitätsbedarf für einen Arbeitsplatz mit freier Kapazität geschaffen wird. Hierzu ist für die Produktionsaufträge im dynamischen Aktionsraum zu betrachten, ob nach der wartenden Fertigungsoperation noch eine weitere Fertigungsoperation durchzuführen ist und ob der notwendige Arbeitsplatz zur Ausführung der Fertigungsoperation belegt oder frei ist[93].

Die Transformation des Ziels der Kapazitätsauslastung der Planungseinheit berücksichtigt als Unterscheidungsmerkmal der Produktionsaufträge nicht die Fertigungsoperationen für den zu belegenden Arbeitsplatz, sondern betrachtet vorausschauend, welchen Beitrag ein Produktionsauftrag leistet, um einen freien Arbeitsplatz möglichst schnell wieder zu belegen.

4. Transformation des Einzelziels: Minimierung der wertmäßigen Bestände an Produktionsaufträgen in Arbeit in der Planungseinheit

Das Einzelziel der Minimierung der wertmäßigen Bestände an Produktionsaufträgen in Arbeit in der Planungseinheit betrachtet die durch die Verweilzeit in einer entsprechenden Bearbeitungsstufe entstandenen Kapitalbindungskosten. Für die Transformation des Einzelziels auf die Auswahlentscheidung im dynamischen Aktionsraum ist es demnach relevant, welche Kapitalbindungskosten durch die Auswahlentscheidung entstehen.

Für den betrachteten Produktionsauftrag ist dies sein Bestandswert zu Beginn der Fertigungsoperation für die Zeitdauer der Ausführung der Fertigungsoperation. Für die wartenden Produktionsaufträge wird für die entstehenden Kapitalbindungskosten der jeweilige Bestandswert zum Einplanungszeitpunkt, bis zum Zeitpunkt der Fertigstellung der betrachteten Fertigungsoperation, herangezogen.

---

[93] Zum Einplanungszeitpunkt kann diese Aussage nur bedingt getroffen werden, da sich bis zum Zeitpunkt der Einplanung der nachfolgenden Fertigungsoperation auf diesem Arbeitsplatz die Bedarfssituation für diesen Arbeitsplatz auch durch andere Produktionsaufträge ändern kann. Dies ist der Fall, wenn Fertigungsoperationen auf anderen Arbeitsplätzen beendet werden und diese im Anschluß einen Kapazitätsbedarf für den betrachteten Arbeitsplatz haben.
Dennoch wird von dieser Aussage ausgegangen, da sie auf jeden Fall die Verkürzung der Zeitdauer mit freier Kapazität an einem Arbeitsplatz indiziert.

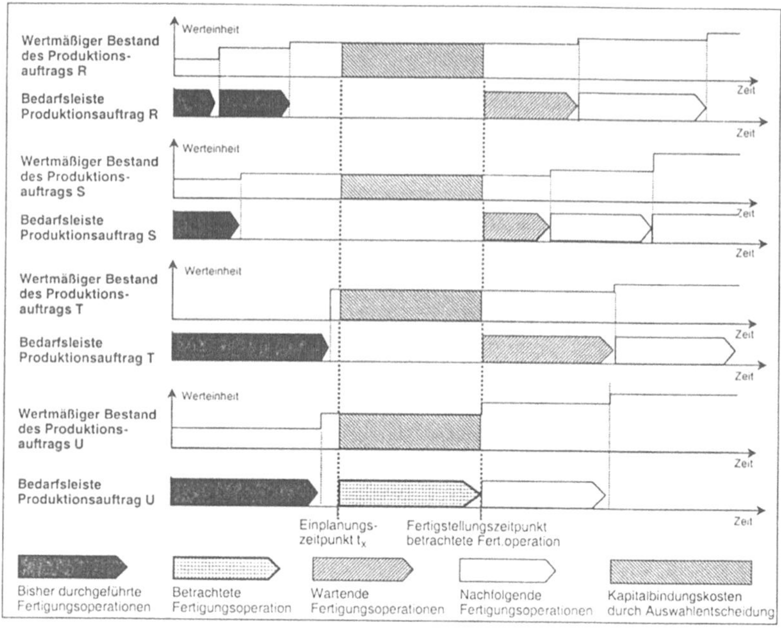

Abbildung 7-13   Transformation des Einzelzieles: Minimierung der wertmäßigen Bestände an Produktionsaufträgen in Arbeit

7.2.3.1 Ermittlung der dynamischen Merkmale der Produktionsaufträge

Die Ermittlung der auftragsbezogenen Zielerreichungsbeiträge erfolgt durch Berechnungsvorschriften bzgl. den Merkmalen der Produktionsaufträge. Bei Bildung des dynamischen Aktionsraums zum Einplanungszeitpunkt liegen die Produktionsaufträge mit den statischen Merkmalen zur Beschreibung der Produktionsaufträge und der Fertigungsoperationen vor.

Wie die Transformation der Einzelziele deutlich macht, ist es darüber hinaus erforderlich, weitere dynamische Merkmale zu ergänzen, da die transformierten Einzelziele Zustandsmerkmale heranziehen, die

- abhängig vom Fertigungsfortschritt,

- abhängig vom Einplanungszeitpunkt und

- abhängig von der Restmenge der Produktionsaufträge im dynamischen Aktionsraumes sind.

	Statische Merkmale	Dynamische Merkmale		
		bzgl. Fertigungsfortschritt	bzgl. Einplanungszeitpunkt	bzgl. Restmenge an Produktionsaufträgen
Termintreue				
betrachteter Prod.auftrag	• Geplanter Endtermin Produktionsauftrag	• Ausführungszeit der restlichen Fertigungsoperationen	• relative Terminabweichung	
wartende Prod.auträge	• Geplanter Endtermin Produktionsauftrag	• Ausführungszeit der restlichen Fertigungsoperationen	• Fertigstellungszeitpunkt betrachtete Fertigungsoperation	• relative Terminabweichung
Durchlaufzeiten				
betrachteter Prod.auftrag		• Fertigstellungszeitpunkt vorhergehende Fertigungsoperation	• Liegezeit	
wartende Prod.auträge		• Fertigstellungszeitpunkt vorhergehende Fertigungsoperation	• Fertigstellungszeitpunkt betrachtete Fertigungsoperation	• Liegezeit
Kapazitätsauslastung				
betrachteter Prod.auftrag	• Ausführungszeit der Fertigungsoperation	• Belegungszustand Arbeitsplatz nachfolgende Fertigungsoperation	• Fertigstellungszeitpunkt betrachtete Fertigungsoperation	
wartende Prod.auträge				
Bestandskosten				
betrachteter Prod.auftrag	• Ausführungszeit der Fertigungsoperation	• Bestandswert des Produktionsauftrags		
wartende Prod.auträge	• Ausführungszeit der betrachteten Fertigungsoperation			• Bestandswert des Produktionsauftrags

Abbildung 7-14   Statische und dynamische Merkmale der Produktionsaufträge im dynamischen Aktionsraum

7.2.3.2 Ermittlung der absoluten auftragsbezogenen Zielerreichungsbeiträge

Für die Auswahlentscheidung im Rahmen des zielorientierten Auftragseinplanungsverfahrens werden für die Produktionsaufträge auftragsbezogene Zielerreichungsbeiträge gebildet, die die Unterschiedlichkeit der Produktionsaufträge des dynamischen Aktionsraumes bzgl. der Zielerreichung der Einzelziele abbilden. Für jedes Einzelziel wird ein auftragsbezogener Zielerreichungsbeitrag gebildet. Er ergibt dich aus der Transformation der Einzelziele auf den dynamischen Aktionsraum.

Die Transformation der Einzelziele wird durch die folgenden Berechnungsvorschriften abgebildet. Die Berechnung erfolgt jeweils zum Einplanungszeitpunkt anhand der statischen und dynamischen Merkmale der Produktionsaufträge. Die Ermittlung der auftragsbezogenen Zielerreichungsbeiträge erfolgt in diesem Teilschritt des Verfahrens als absoluter Wert.

$$\text{Auftragsbezogener Zielerreichungsbeitrag Termintreue}_{bPA} = \text{Relative Terminabweichung}_{bPA} + \sum_{\substack{alle}}^{wPA} \text{Relative Terminabweichung}_{wPA}$$

$$\text{wobei:}\quad \text{Relative Terminabweichung}_{bPA} = \left|\, \text{Geplanter Endtermin Produktionsauftrag}_{bPA} - \text{Fertigstellungszeitpunkt letzte Fertigungsoperation}_{bPA} \,\right|$$

$$\text{Relative Terminabweichung}_{wPA} = \left|\, \text{Geplanter Endtermin Produktionsauftrag}_{wPA} - \text{Fertigstellungszeitpunkt letzte Fertigungsoperation*}_{wPA} \,\right|$$

* bei Beginn der wartenden Fertigungsoperation zum Fertigstellungszeitpunkt der betrachteten Fertigungsoperation

$$\text{Auftragsbezogener Zielerreichungsbeitrag Durchlaufzeit}_{bPA} = \text{Liegezeit}_{bPA} + \sum_{\substack{alle}}^{wPA} \text{Liegezeit}_{wPA}$$

$$\text{wobei:}\quad \text{Liegezeit}_{bPA} = \text{Einplanungszeitpunkt} - \text{Fertigstellungszeitpunkt vorhergehende Fertigungsoperation}_{bPA}$$

$$\text{Liegezeit}_{wPA} = \text{Beginnzeitpunkt nachfolgende Fertigungsoperation*}_{wPA} - \text{Fertigstellungszeitpunkt vorhergehende Fertigungsoperation}_{wPA}$$

* bei Beginn der wartenden Fertigungsoperation zum Fertigstellungszeitpunkt der betrachteten Fertigungsoperation

$$\text{Auftragsbezogener Zielerreichungsbeitrag Kapazitätsauslastung}_{bPA} = \begin{cases} \text{Ausführungszeit Fertigungsoperation}_{bPA} & \text{wenn Belegungszustand Arbeitsplatz nachfolgende Fertigungsoperation}_{bPA} = \text{frei} \\ \infty & \text{wenn Belegungszustand Arbeitsplatz nachfolgende Fertigungsoperation}_{bPA} = \text{belegt} \end{cases}$$

$$\text{Auftragsbezogener Zielerreichungsbeitrag Bestandskosten}_{bPA} = \text{absolute Kapitalbindungskosten}_{bPA} - \text{Min}\,(\text{Kapitalbindungskosten}_{PA} \mid \text{alle PA})$$

$$\text{wobei:}\quad \text{absolute Kapitalbindungskosten}_{bPA} = \text{Kapitalbindungskosten}_{bPA} + \sum_{\substack{alle}}^{wPA} \text{Kapitalbindungskosten}_{wPA}$$

$$\text{Kapitalbindungskosten}_{bPA} = \text{Bestandswert zum Einplanungszeitpunkt}_{bPA} * \text{Ausführungszeit Fertigungsoperation}_{bPA}$$

$$\text{Kapitalbindungskosten}_{wPA} = \text{Bestandswert zum Einplanungszeitpunkt}_{wPA} * \text{Ausführungszeit Fertigungsoperation}_{bPA}$$

PA = Produktionsauftrag   bPA = betrachteter Produktionsauftrag   wPA = wartende Produktionsaufträge

Abbildung 7-15   Berechnungsvorschriften zur Ermittlung der absoluten auftragsbezogenen Zielerreichungsbeiträge

Die Berechnungswerte für den auftragsbezogenen Zielerreichungsbeitrag der Termintreue und der Bestandskosten sind abhängig vom Fertigungsfortschritt. Bei der Termintreue gehen zum Ausgleich die Ausführungszeiten der Restoperationen in die Berechnung ein. Bei den Bestandskosten ist ein anderer Ausgleich für das kontinuierliche Anwachsen der Bestandswerte während des Fertigungfortschritts zu schaffen. Hierzu werden für jeden Produktionsauftrag dessen absolute Kapitalbindungskosten ermittelt und als auftragsbezogener Zielerreichungsbeitrag dessen Differenz zum Minimum der absoluten Kapitalbindungskosten dargestellt.

7.2.3.3 Bewertung und Normierung der auftragsbezogenen Zielerreichungsbeiträge

In diesem Teilschritt des Verfahrensablaufs werden die absoluten auftragsbezogenen Zielerreichungsbeiträge hinsichtlich ihres Beitrags zum Erreichen eines Einzelzieles bewertet. Die Bewertung erfolgt durch Zielfunktionen der auftragsbezogenen Zielerreichungsbeiträge, die jedem absoluten auftragsbezogenen Zielerreichungsbeitrag einen normierten Wert zuordnen. Der normierte Wert stellt für den absoluten auftragsbezogenen Zielerreichungsbeitrag die Bewertung dar, ob er positiv oder negativ auf das Erreichen eines Einzelzieles wirkt.

Die normierte Bewertungsskala der Zielfunktionen wird durch das Intervall [-1 , 1] beschrieben. Negative Werte wirken behindernd auf das Erreichen eines Einzelziels. Der Wert -1 wirkt maximal behindernd auf das Erreichen des Einzelziels. Positive Werte unterstützen das Erreichen eines Einzelziels. Der Wert 1 wirkt maximal unterstützend auf das Erreichen des Einzelziels.

Die Festlegung des Verlaufs der Zielfunktionen der Einzelziele erfolgt anhand der Transformation der Einzelziele auf den dynamischen Aktionsraum. Durch die Transformation und die mit dem Einzelziel verbundene Auszeichnung des erstrebten Zustandes wird der qualitative Verlauf der Zielfunktion festgelegt.

Die bewerteten und normierten auftragsbezogenen Zielerreichungsbeiträge sind für den folgenden Auswahlschritt die Grundlage für die vergleichende Beurteilung der Produktionsaufträge des dynamischen Aktionsraumes.

1. Zielfunktion zur Maximierung der Termintreue

Das auf den dynamischen Aktionsraum transformierte Einzelziel der Maximierung der Termintreue fordert, zur Unterstützung des Einzelziels durch die Auswahlentscheidung, eine möglichst geringe relative Terminabweichung des betrachteten und der wartenden Produktionsaufträge zu erhalten. Kleine relative Terminabweichungen sind demnach positiver zu bewerten, als große relative Terminabweichungen.

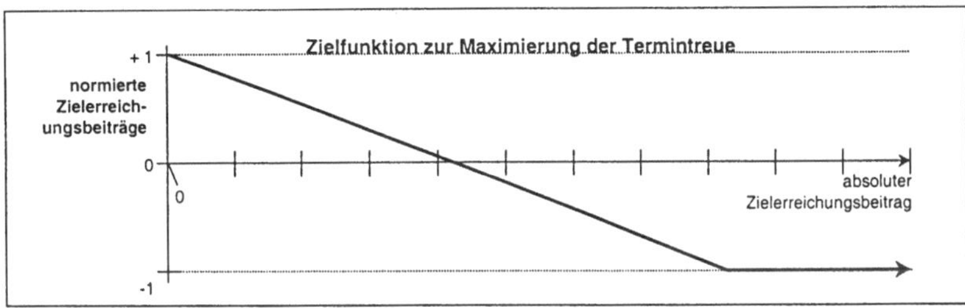

Abbildung 7-16   Zielfunktion zur Maximierung der Termintreue

Für den Verlauf der Zielfunktion ist somit bei stetig steigendem relativen Terminverzug ein kontinuierlich fallender Verlauf der Bewertungsfunktion festzulegen. Der Minimalwert des absoluten Zielerreichungsbeitrags ist eine relative Terminabweichung von 0.

2. Zielfunktion zur Minimierung der Durchlaufzeiten

Das auf den dynamischen Aktionsraum transformierte Einzelziel der Minimierung der Durchlaufzeiten der Produktionsaufträge fordert, zur Unterstützung des Einzelziels durch die Auswahlentscheidung, möglichst geringe Liegezeiten des betrachteten Produktionsauftrags und der wartenden Produktionsaufträge zu erhalten.

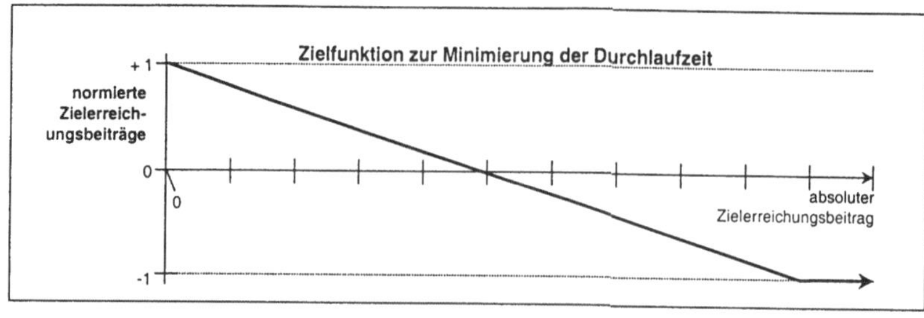

Abbildung 7-17   Zielfunktion zur Minimierung der Durchlaufzeit

Eine für die Produktionsaufträge des dynamischen Aktionsraumes aufsummierte kurze Liegezeit ist demnach positiver zu bewerten, als eine lange Liegezeit. Bei einem stetigen Anstieg der aufsummierten Liegezeit, ist für den Verlauf der Zielfunktion somit ein kontinuierlich fallender Verlauf festzulegen. Der Minimalwert des absoluten Zielerreichungsbeitrags ist eine Liegezeit von 0.

3. Zielfunktion zur Maximierung der Kapazitätsauslastung

Das auf den dynamischen Aktionsraum transformierte Einzelziel der Maximierung der Kapazitätsauslastung der Planungseinheit fordert, zur Unterstützung des Einzelziels durch die Auswahlentscheidung, die möglichst schnelle Belegung von freien Kapazitäten der Arbeitsplätze für nachfolgende Fertigungsoperationen. Je schneller ein Arbeitsplatz mit freier Kapazität belegt werden kann, desto positiver ist die Bewertung des Produktionsauftrags vorzunehmen.

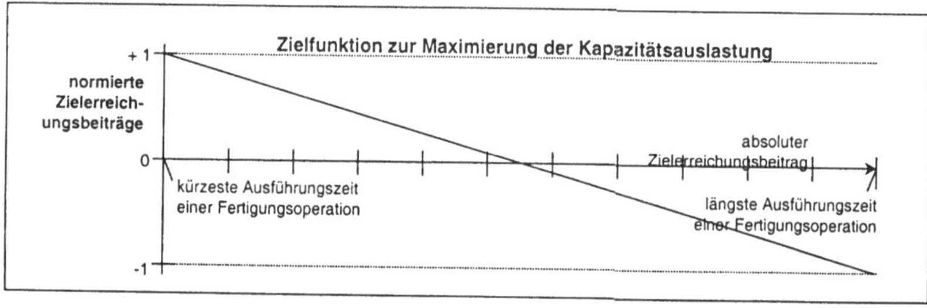

Abbildung 7-18   Zielfunktion zur Maximierung der Kapazitätsauslastung

Für den Verlauf der Zielfunktion ist somit ein kontinuierlich fallender Verlauf bei einem stetigen Anstieg des absoluten auftragsbezogenen Zielerreichungsbeitrags festzulegen. Der Minimalwert des absoluten Zielerreichungsbeitrags ist durch die kürzeste Ausführungszeit einer Fertigungsoperation, der Maximalwert durch die längste Ausführungszeit einer Fertigungsoperation gegeben.

4. Zielfunktion zur Minimierung der wertmäßigen Bestände

Das auf den dynamischen Aktionsraum transformierte Einzelziel der Minimierung der wertmäßigen Bestände an Produktionsaufträgen in Arbeit in der Planungseinheit fordert, zur Unterstützung des Einzelziels durch die Auswahlentscheidung, eine möglichst geringe Kapitalbindungskosten für den betrachteten und die wartenden Produktionsaufträge zu verursachen. Je geringer die Kapitalbindungskosten sind, desto positiver ist die Bewertung vorzunehmen. Für den Verlauf der Zielfunktion ist somit ein kontinuierlich fallender Verlauf bei einem stetigen Anstieg des absoluten auftragsbezogenen Zielerreichungsbeitrags festzulegen. Der Minimal- und Maximalwert des absoluten Zielerreichungsbeitrags ergeben sich aus den Werten einer realen Datenbasis.

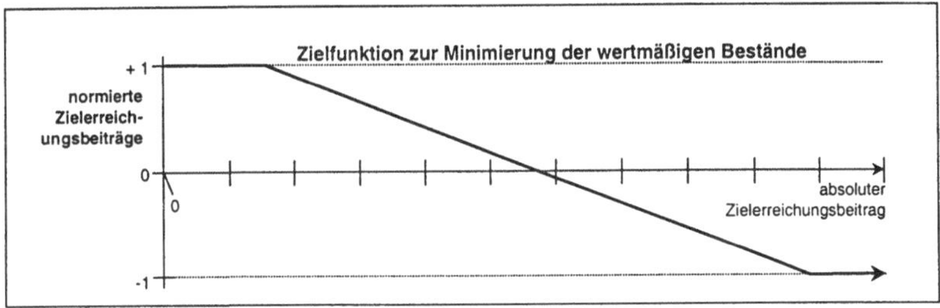

Abbildung 7-19   Zielfunktion zur Minimierung der wertmäßigen Bestände

7.2.4 Auswahl einer Fertigungsoperation aus dem dynamischen Aktionsraum

Die Aufgabenstellung des Teilschrittes der Auswahl einer Fertigungsoperation liegt in der Ermittlung der Fertigungsoperation aus dem dynamischen Aktionsraum, die entsprechend dem spezifischen Zielsystem der Planungseinheit den höchstmöglichen Nutzen im Sinne der Zielerreichung beinhaltet. Für diese Auswahlentscheidung wird das in Kapitel 6.4.3 vorgestellte Entscheidungsmodell verwendet.

In den vorhergehenden Verfahrensschritten wurden die zur Anwendung des Entscheidungsmodells notwendigen Eingangsinformationen erzeugt:

- Endliche Menge von gewichteten Zielen
    ⇒ Die spezifische Zielsetzung der Planungseinheit

- Endliche Menge an Handlungsalternativen
    ⇒ Alle Produktionsaufträge des dynamischen Aktionsraumes

- Abschätzungen von Wirkungen der Handlungsalternative auf Ziele
    ⇒ Die normierten, auftragsbezogenen Zielerreichungsbeiträge der Produktionsaufträge im dynamischen Aktionsraum.

Bei der Bildung der auftragsbezogenen Zielerreichungsbeiträge wurde herausgearbeitet, daß einerseits die Bedeutung eines Einzelzieles für die Auswahlentscheidung im dynamischen Aktionsraum bestimmend für die Definition der auftragsbezogenen Zielerreichungsbeiträge ist. Andererseits besteht die Notwendigkeit, die Produktionsaufträge im dynamischen Aktionsraum entsprechend gut unterscheiden zu können. Der zwischen den Einzelzielen bestehende Zielkonflikt wird damit vollständig auf die Auswahlsituation im dynamischen Aktionsraum übertragen. Anhand der gewichteten Einzelziele und der logischen Transformation der Einzelziele kann jedoch durch das Entscheidungsmodell eine Entscheidung, die der spezifischen Zielsetzung der Planungseinheit entspricht, getroffen werden.

Ergebnis des Auswahlschrittes ist die Identifizierung des Produktionsauftrages im dynamischen Aktionsraum, der bei Belegung des Arbeitsplatzes zum Einplanungszeitpunkt einen höchstmöglichen Nutzen im Sinne der Zielerreichung der Planungseinheit beinhaltet.

7.2.5   Belegung des Arbeitsplatzes

Aufgabe des abschließenden Teilschrittes in der Iterationsschleife der Zielorientierung in der Auftragseinplanung ist die Belegung des Arbeitsplatzes mit der ausgewählten Fertigungsoperation.

Dabei wird die Fertigungsoperation des ausgewählten Produktionsauftrags zum Einplanungszeitpunkt dem Arbeitsplatz zugeordnet. Für die Zeitdauer der Ausführung der Fertigungsoperation ist der Arbeitsplatz belegt. Zum Zeitpunkt der Fertigstellung der Fertigungsoperation ist die Kapazität des Arbeitsplatzes wieder frei und kann erneut durch eine Fertigungsoperation belegt werden.

In der Fertigungsfolge des Produktionsauftrags wird die Fertigungsoperation als „eingeplant" gekennzeichnet und der Fertigungsfortschritt wird aktualisiert, d. h. die nachfolgende Fertigungsoperation ist, für diesen Produktionsauftrag, als nächstes einzuplanen.

Sind alle Fertigungsoperationen der Produktionsaufträge, die vom übergeordneten Planungssystem an das Verfahren zur Auftragseinplanung übergeben wurden, eingeplant, ist dieser Verfahrensschritt vollständig durchlaufen und es folgt der Verfahrensschritt des Messens und Bewertens des Planungsergebnisses.

7.3   Messen und Bewerten von Randbedingungen und Planungsergebnis

Der abschließende Verfahrensschritt des Messens und Bewertens von Randbedingungen und Planungsergebnis dient zur Gewährleistung und Überprüfung des gewünschten Verhaltens des Verfahrens, der Übertragung von Zielen auf das Planungsergebnis, sowie zur Ausgabe von aggregierten Ergebnissen der Auftragseinplanung.

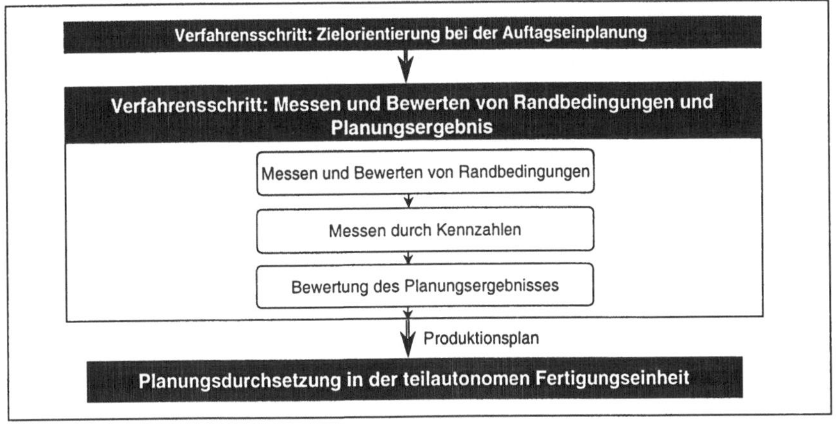

Abbildung 7-20   Verfahrensablauf des Messens und Bewertens von Randbedingungen und Planungsergebnis

7.3.1 Messen und Bewerten der Randbedingungen

Hauptaufgabe dieses Teilschrittes ist es, sicherzustellen, daß zur Auswahl einer Fertigungsoperation eine „echte Entscheidung" zwischen den Fertigungsoperationen des dynamischen Aktionsraumes getroffen wurde. In Kapitel 6.5.1 wurde hierfür das Beurteilungskriterium des Deckungsgrades der Zielfunktionen mit den absoluten auftragsbezogenen Zielerreichungsbeiträgen eingeführt. Er weist das Verhältnis absoluter auftragsbezogener Zielerreichungsbeiträge zwischen den Minimal- und Maximalwerten der Zielfunktionen, zu der Gesamtzahl der Zielerreichungsbeiträge aus. Bei einem großen Deckungsgrad, nahe 100 % ist sichergestellt, daß in der Entscheidungssituation im dynamischen Aktionsraum eine „echte Entscheidung" unter Berücksichtigung der Zielkriterien als Entscheidungsmerkmal getroffen wurde.

Bei Planungsläufen des Verfahrens zur Auftragseinplanung wird jeweils vom Grobplanungssystem eine Menge an einzuplanenden Produktionsaufträgen übergeben. Der Wertebereich der auftragsbezogenen Zielerreichungsbeiträge mit den zugehörigen Minimal- und Maximalwerten ist, wie im vorhergehenden Verfahrensschritt beschrieben, abhängig von der konkreten Belegungssituation der Fertigungsressourcen und der Art, Menge und Struktur der einzuplanenden Produktionsaufträge. Für die Zielfunktionen bedeutet dies, daß ihr Verlauf auf Minimal- und Maximalwerte abzustimmen sind, welche einen hohen Deckungsgrad gewährleisten. Dies ist erforderlich, da der Wertebereich der auftragsbezogenen Zielerreichungsbeiträge, wie deren Berechnungsvorschriften zeigen, sehr stark abhängig ist von:

- Anzahl der Produktionsaufträge

- Anzahl der Fertigungsoperationen

- Zeitdauer der Fertigungsoperationen

- Geplante Endtermine der Produktionsaufträge

- Herstellkosten der Bearbeitungsstufen

- Anzahl der Arbeitsplätze in der Planungseinheit.

Zur Anpassung der Minimal- und Maximalwerte der Zielfunktionen der auftragsbezogenen Zielerreichungsbeiträge wird dem eigentlichen Verfahren zur Auftragseinplanung ein Verfahrensschritt vorgeschaltet, der eine terminliche Belegung der Arbeitsplätze vornimmt und dabei die auftretenden absoluten Zielerreichungsbeiträge mitprotokolliert. Die terminliche Belegung der Arbeitsplätze wird anschließend wieder zurückgesetzt. Die mitprotokollierten absoluten auftragsbezogenen Zielerreichungsbeiträge werden auf ihre Streuung hin analysiert. Zur Sicherstellung einer zielorientierten Auswahlentscheidung zwischen sich unterscheidenden Handlungsalternativen ist der Deckungsgrad der Zielfunktion auf einen Wert nahe 100 % festzulegen. Allerdings sollte nicht der gesamte Wertebereich durch die Minimal- und Maximalwerte abgedeckt sein, da Ausreißerwerte sonst dazu führen, daß für eine Vielzahl auftragsbezogene Zielerreichungsbeiträge eine kaum unterschiedliche Bewertung vorgenommen wird. Abbildung 7-21 stellt den Ablauf der Ermittlung der Minimal- und Maximal-Werte dar.

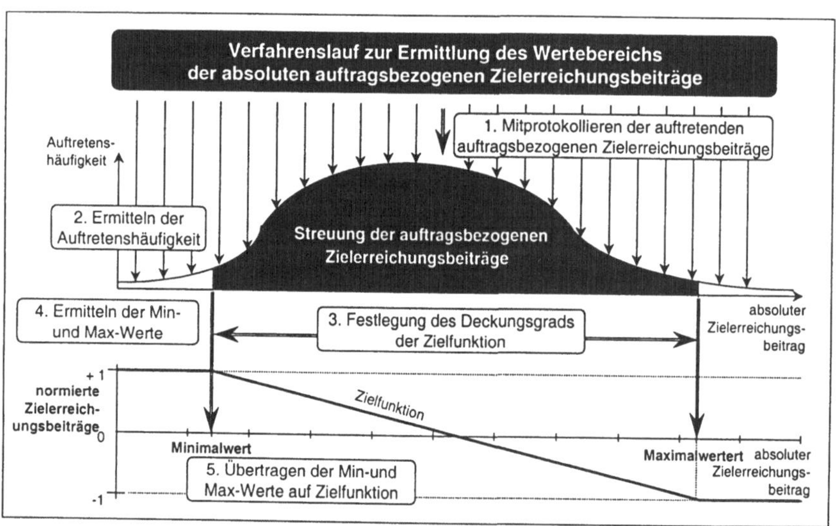

Abbildung 7-21   Ablauf der Ermittlung der Minimal und Maximalwerte der Zielfunktionen

Die Ermittlung der Minimal- und Maximalwerte ist zur erstmaligen Einstellung der Werte unbedingt erforderlich, da sonst eine zielorientierte Auswahl im dynamischen Aktionsraum nicht erfolgen kann. In späteren Verfahrensläufen werden die absoluten auftragsbezogenen Zielerreichungsbeiträge wie oben beschrieben ebenso mitprotokolliert und der Deckungsgrad bzgl. der eingestellten Minimal- und Maximalwerte wird ermittelt.

Weichen im späteren Verfahrenseinsatz die oben beschriebenen Merkmale der einzuplanenden Produktionsaufträge und der Planungseinheit nicht signifikant von der ursprünglichen Ausprägung der Merkmale ab, bedeutet dies, daß der Deckungsgrad der Zielfunktion sehr hoch ist. In diesem Fall werden die ursprünglich eingestellten Minimal- und Maximalwerte beibehalten. Weicht der Deckungsgrad der Zielfunktion über einen bestimmten Toleranzwert vom ursprünglich gewählten Deckungsgrad ab, kam es während des Verfahrensablaufs ungeplant häufig zu einer Auswahlentscheidung aufgrund sekundärer Entscheidungskriterien. Daraufhin sind die Minimal- und Maximalwerte neu zu setzen und der Planungslauf ist mit diesem Werten erneut durchzuführen.

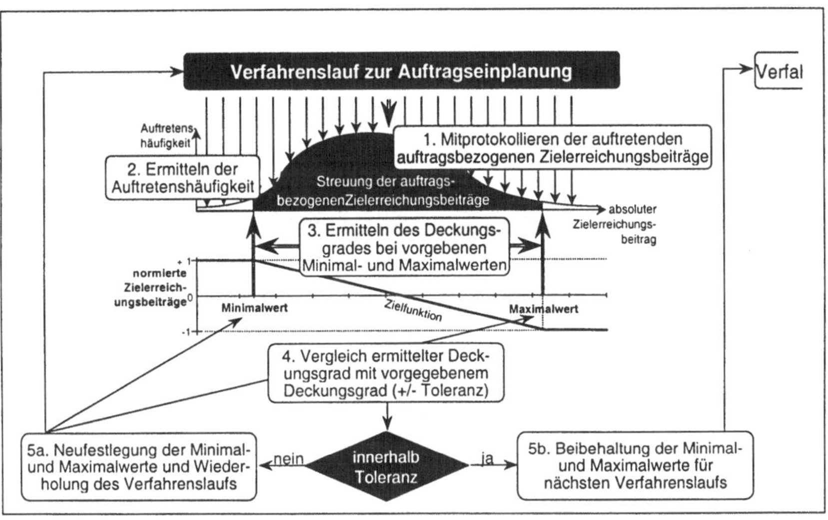

Abbildung 7-22   Einbindung des Messens und Bewertens von Randbedingungen in den Verfahrensablauf

Das Verfahren ist somit in der Lage sich selbst auf veränderte Belegungssituationen der Fertigungsressourcen und auf Veränderungen der einzuplanenden Produktionsaufträge einzustellen. Der Deckungsgrad der Zielfunktionen ist somit ein Kriterium zur Beurteilung der Entscheidungsgüte und damit auch für die Güte des Verfahrens, welches sicherstellt, daß die Entscheidungskriterien der unterschiedlichen Zielerreichungsbeiträge auch innerhalb des Verfahrens berücksichtigt werden. Weicht der Deckungsgrad der Zielfunktionen zu sehr von dem vorgegebenen Deckungsgrad ab, ist die Güte des Verfahrens nicht mehr abgesichert.

7.3.2 Messen durch Kennzahlen

Das Planungsergebnis liegt nach einem Planungslauf in Form terminlich eingeplanter Fertigungsaufträge und belegter Fertigungsressourcen vor und wird als ressourcen- bzw. auftragsbezogene Soll-Vorgabe im Produktionsplan an die nachfolgenden Schritte der Produktionsplanung und -steuerung und somit an die Wertschöpfungsebene übergeben.

Für die teilautonome Leistungseinheit ist hierauf aufbauend ermittelbar, welche Zielvorgaben bei der Abarbeitung des Produktionsplanes erreichbar sind. Hierzu werden die in Kapitel 6.5.2 definierten Kennzahlen bzgl. der Einzelziele anhand der dort festgelegten Berechnungsvorschriften ermittelt. Die Kennzahlen beziehen sich nun nicht auf Einzelaufträge oder einzelne Fertigungsressourcen, sondern auf die Gesamtheit der Produktionsaufträge und der Fertigungsressourcen der Planungseinheit während einer Betrachtungsperiode.

Nach Ablauf der Periode werden durch die Rückmeldungen des Auftragsfortschritts auftragsbezogene Rückmeldungen auf die gleiche Weise zu gesamtheitlichen Größen zusammengefaßt und in tatsächlich erreichte Ist-Kennzahlenwerte umgewandelt und den Soll-Vorgaben gegenübergestellt.

Zielerreichung Produktionsplan			KW 26
	Soll	**Ist**	
Termintreue:	92 %	93 %	aller Produktionsaufträge termingerecht
Durchlaufzeit:	6 Tage	5,5 Tage	pro Produktionsauftrag durchschnittlich
Kapazitätsauslastung:	82 %	87 %	pro Fertigungsressource durchschnittlich
Bestandskosten:	2690 DM	2526 DM	für Bestände in Arbeit
Zielvorgabe Produktionsplan			**KW 27**
	Soll	**Ist**	
Termintreue:	89 %		aller Produktionsaufträge termingerecht
Durchlaufzeit:	7,2 Tage		pro Produktionsauftrag durchschnittlich
Kapazitätsauslastung:	84 %		pro Fertigungsressource durchschnittlich
Bestandskosten:	3470 DM		für Bestände in Arbeit

Abbildung 7-23   Visualisierung von Kennzahlen als Zielvorgabe

7.3.3 Bewerten des Planungsergebnisses

Der abschließende Verfahrensschritt des Bewertens des Planungsergebnisses bezieht sich auf das geforderte äquivalente Verhalten von Zielgewichtung und Ausprägung der Kennzahlen des Planungsergebnisses. Da das entwickelte Verfahren als Eröffnungsverfahren der Auftragseinplanung konzipiert ist, dient die Bewertung des Planungsergebnisses, insbesondere für die späteren Labor- und Praxistests zur Überprüfung des Verfahrens auf die Einhaltung dieser Anforderung hin, kann jedoch für weiterführende Arbeiten zur Einbindung des Verfahrens in eine Simulationsumgebung dienen.

Die Bewertung des Planungsergebnisses erfolgt durch die Gegenüberstellung der dem Planungslauf übergebenen Zielgewichtungen mit den, anhand des Planungsergebnisses, ermittelten Kennzahlen.

Um eine Vergleichbarkeit herzustellen sind beide Größen zu normieren und in ihrer Zielrichtung aufeinander anzupassen, d. h. beispielsweise alle Ziele als Maximierungsziele zu formulieren. Die eigentliche Bewertung des Planungsergebnisses kann dann durch eine vergleichende Betrachtung mehrerer Planungsläufe, bei jeweils gleicher Planungssituation, durchgeführt werden. Gleiche Planungssituationen zeichnen sich dadurch aus, daß sowohl die Belegungssituation zu Beginn des Planungslaufes als auch die einzuplanenden Produktionsaufträge sich nicht unterscheiden, die zu lösende Problemstellung also jeweils identisch ist.

Wird nun die Problemstellung der Auftragseinplanung mit gleicher Planungssituation bei einer Variation der Zielgewichtungen gelöst und die Ergebnisse fortgeschrieben, kann beispielsweise nach der Methode der Sensitivitätsanalyse oder der Äquivalenzanalyse das äquivalente Verhalten des Verfahrens nachgewiesen werden.

8 Anwendung des Verfahrens

Das entwickelte Verfahren zur zielorientierten Auftragseinplanung auf Basis dynamischer Zielprioritäten wurde zur Verifizierung der Funktionsfähigkeit und der Nutzenpotentiale in einen EDV-gestützten Prototyp umgesetzt und sowohl Labortests, als auch einem Praxistest in einem Industrieunternehmen unterworfen, dessen Ergebnisse im folgenden dargestellt werden sollen[94].

Das Unternehmen ist als Hersteller technischer Keramik, ein Einzel- und Kleinserienfertiger mit einer gemischten Erzeugnisstruktur aus Standardprodukten, kundenspezifischen Varianten und Einzelanfertigungen. Die Produktionsstruktur ist gekennzeichnet durch dezentrale, teilautonome Leistungseinheiten, in denen keramikspezifische Bearbeitungsvorgänge auftreten, jedoch überwiegend Standardbearbeitungsverfahren und universelle Bearbeitungsmaschinen eingesetzt werden. Aufgabenumfang der teilautonomen Leistungseinheiten ist neben der direkten Ausführung der Fertigungsoperationen insbesondere die dispositive Planung und Steuerung der Produktionsauftragsabwicklung.

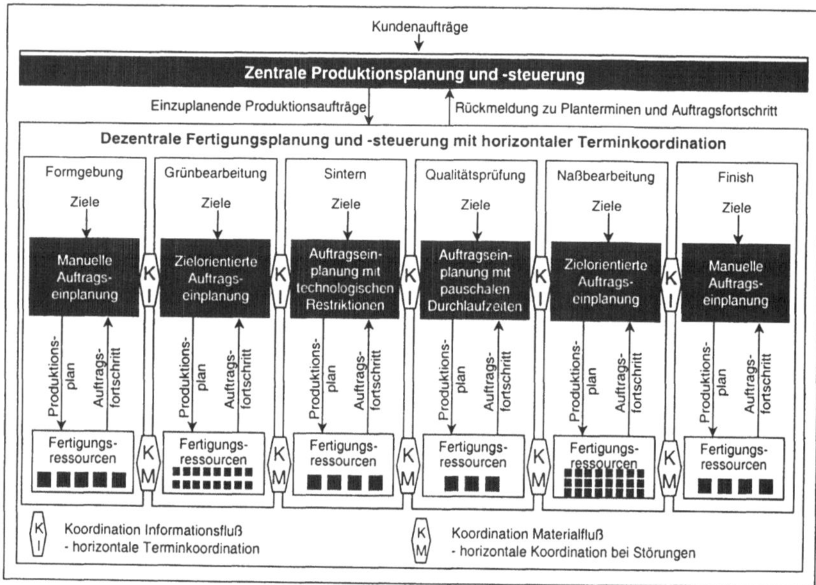

Abbildung 8-1   Anwendungsbeispiel der zielorientierten Auftragseinplanung im Umfeld eines dezentralen Produktionssystems

---

[94] Eine gesonderte Darstellung der Labortestergebnisse erfolgt nicht, da die Ergebnisse des Labortests denen des Praxistests entsprechen.

Die teilautonomen Leistungseinheiten stehen über die Produktionsstufen Formgebung, Grünbearbeitung, Sintern, Qualitätsprüfung, Naßbearbeitung und Finish in einem linearen Materialfluß zueinander.

Die teilautonomen Fertigungsbereiche haben jeweils eigene Ziele, die sich voneinander unterscheiden. Dies ergibt sich im betrachteten Unternehmen aufgrund des zu bearbeitenden Artikelspektrums, den Betriebsmitteln und der Position innerhalb der Wertschöpfungskette.

Der Funktionsablauf der Produktionsplanung und -steuerung entspricht der in Kapitel 2 aufgezeigten Struktur bei einer dezentral organisierten Produktion. Ein zentrales PPS-System nimmt Kundenaufträge an, die dann arbeitsplanerisch bearbeitet und mit den Merkmalen des Produktionsablaufs und den notwendigen Bearbeitungszeiten für die Fertigungsoperationen versehen werden.

Die einzuplanenden Fertigungsaufträge werden den teilautonomen Leistungseinheiten übergeben, nachdem sie auf die kapazitive Machbarkeit grob abgeglichen wurden. Jede Leistungseinheit führt für seine einzuplanenden Fertigungsaufträge und seine Fertigungsressourcen eine dezentrale Terminplanung anhand eines Verfahrens zur Auftragseinplanung durch. Informationen über die Belegung der Fertigungsressourcen werden jeweils über die Betriebsdatenerfassung an das Verfahren übergeben.

Durchlaufen Produktionsaufträge mehrere Leistungseinheiten[95], erfolgt die Übergabe vom zentralen PPS an eine ausgewählte Leistungseinheit[96]. Nachdem dieser die terminliche Planung seiner Fertigungsoperationen abgeschlossen hat, übergibt er diese Termine an die vor- oder nachgelagerten Leistungseinheiten zur terminlichen Planung der restlichen Arbeitsgänge. Diese horizontale Koordination erfolgt auch bei Umplanungen des Produktionsprogramms.

Sind alle einzuplanenden Fertigungsaufträge terminlich eingeplant, erfolgt die Rückmeldung der Plantermine an das zentrale PPS-System sowie die Vorgabe eines Produktionsplans für die Fertigungsressourcen. Damit entspricht die Problemstellung der Auftragseinplanung den in Kapitel 2 aufgestellten Rahmenbedingungen. Ebenso entsprechen die Ziele der teilautonomen Leistungseinheiten den im Rahmen dieser Arbeit für das entwickelte Verfahren definierten Ziele.

Formgebung und Finish wenden als Verfahren die manuelle Auftragseinplanung an, da jeweils die Anzahl der zu beplanenden Fertigungsressourcen überschaubar ist und in diesen Produktionsstufen wenige Fertigungsoperationen durchzuführen sind. Die teilautonome Leistungseinheit Sintern vollzieht die Auftragseinplanung unter Beachtung der kapazitiven und technologischen Restriktionen. Die

---

[95] Dies ist nicht grundsätzlich der Fall, da für einige Produkte zwischen den Leistungseinheiten Lagerstufen definiert sind. Ein Produktionsauftrag beschreibt somit ggf. auch nur die Bearbeitungsschritte einer Produktionsstufe und betrifft somit nur eine Leisutngseinheit.

[96] Die Auswahl des Fertigungsbereichs, an den ein einzuplanender Fertigungsauftrag vom übergeordneten PPS übergeben wird, richtet sich nach den potentiellen Engpaßressourcen im Fertigungsprozess. Für das Beispielunternehmen ist die der Sinterprozess.

Fertigungstermine der anschließenden Qualitätsprüfung werden anhand des Verfahrens zur Auftragseinplanung mit pauschalen Durchlaufzeiten ermittelt. Alle bisher genannten Verfahren sind in 6.2 sehr anwendungsorientiert beschrieben und werden an dieser Stelle nicht näher ausgeführt. Die zielorientierte Auftragseinplanung wird in den Leistungseinheiten der Grün- und der Naßbearbeitung angewendet, da hier jeweils eine große Anzahl an Fertigungsressourcen zu beplanen sind und eine Vielzahl von Fertigungsoperationen ausgeführt werden und demnach ein algorithmisch unterstütztes Verfahren eingesetzt werden muß.

Mit den in Kapitel 6.1 entwickelten Konstrukten wurden die anwendungsspezifischen Planungsinhalte modelliert. Sie umfassen die Abbildung von 6 teilautonomen Leistungseinheiten mit teilweise bis zu 30 Fertigungsressourcen. In jeder Planungssituation sind durch das Verfahren ca. 20 - 100 Produktionsaufträge mit bis zu 8 Fertigungsoperationen pro Leistungseinheit einzuplanen.

Das algorithmisch unterstützte Verfahren zur zielorientierten Auftragseinplanung wird im folgenden in der Anwendungsumgebung betrachtet.

Als Eingangsgrößen werden von jeder teilautonomen Leistungseinheit die spezifische Gewichtung der Ziele der Auftragseinplanung an das Verfahren übergeben.

Die Abbildung der Fertigungsziele erfolgt nach der Beschreibung des Verfahrensschritts der Zielabbildung mit dynamischen Zielprioritäten[97] und bildet folgende Ziele ab:

- Maximierung der Termintreue der Produktionsaufträge,
- Minimierung der Durchlaufzeiten der Produktionsaufträge,
- Maximierung der Kapazitätsauslastung der teilautonomen Leistungseinheit und
- Minimierung der wertmäßigen Bestände an Produktionsaufträgen in Arbeit.

Die Einplanung der Produktionsaufträge auf die Fertigungsressourcen wird entsprechend dem Verfahrensschritt der zielorientierten Auftragseinplanung vorgenommen[98]. Die hierbei notwendige Ermittlung auftragsbezogener Zielerreichungsbeiträge erfolgt anhand der in Abbildung 7-15 aufgestellten Berechnungsvorschriften. Für die Bewertung und Normierung der auftragsbezogenen Zielerreichungsbeiträge werden die qualitativen Verläufe der Zielfunktionen aus den Abbildungen 7-16 bis 7-19 übernommen. Zur Auswahl einer Fertigungsoperation aus dem dynamischen Aktionsraum werden, im Rahmen des ausgewählten Entscheidungsmodells, die spezifischen Gewichtungen der Ziele berücksichtigt und die Fertigungsressource belegt.

---

[97] Siehe hierzu Kapitel 6.3 und 7.1.
[98] Siehe hierzu Kapitel 6.4 und 7.2.

Der abschließende Verfahrensschritt des Messens und Bewertens der Randbedingungen wird wie dargestellt[99] ausgeführt, sichert die Auswahlentscheidung ab und erzeugt die Vorgabekennzahlen für die teilautonomen Leistungseinheit.

Zur Analyse und Darstellung der Ergebnisse des Verfahrens wurden unterschiedlichste Planungssituationen betrachtet, um zu gewährleisten, daß das entwickelte Verfahren nicht nur in spezifischen Planungssituationen die gestellten Anforderungen erfüllt. Eine Planungssituation zeichnet sich dadurch aus, daß eine konkrete Belegungssituation der Fertigungsressourcen vorhanden ist, und Produktionsaufträge, die auf die Fertigungsressourcen hin einzuplanen sind.

In den betrachteten Planungssituationen haben sowohl Belegungssituation als auch die Produktionsaufträge jeweils nach Art, Menge und Zusammensetzung stark variiert. Zur Beurteilung der Planungsergebnisse und des Verhaltens des Verfahrens wurden jeweils die Gewichtungen der Ziele, den Kennzahlen bezogen auf das Planungsergebnis gegenübergestellt und dann, bei unveränderter Planungssituation eine Variation der Zielgewichtungen durchgeführt.

Insgesamt zeigen die Ergebnisse der Labor- und Praxistests gute bis sehr gute Planungsergebnisse, vor allem bei einem entsprechend hohen Unterschiedswert bei der Variation der Zielgewichtungen. Es ist stets festzustellen, daß bei einer höheren Gewichtung eines Zieles, der sich einstellende Kennzahlenwert ebenfalls verbessert, wenn die anderen Zielgewichtungen unverändert belassen werden. Auch in der gegenläufigen Richtung, bei einer niedrigeren Gewichtung eines Zieles bei konstanter Gewichtung der anderen Ziele, stellt sich das analoge Ergebnis ein. Der Kennzahlenwert sinkt. Die Verbesserung bzw. Verschlechterung des variierten Kennzahlenwertes erfolgt dabei jeweils gleichlaufend mit einer gegenläufigen Entwicklung bei den unverändert gelassenen Zielgewichtungen bzw. Kennzahlen.

Werden alle Ziele höher gewichtet, heben sich diese Effekte gegenseitig auf. Ebenso bei einer niedrigeren Gewichtung aller Ziele.

Abbildung 8-2 zeigt beispielhaft einige Planungssituationen und die Planungsergebnisse in Form von Kennzahlen bei der Variation der Zielgewichtungen.

Das Verfahren erfüllt demnach die Anforderungen einer zielorientierten Auftragseinplanung, insbesondere die des äquivalenten Verhaltens von Zielgewichtung und Planungsergebnis. Dies zeigt sich auch bei der Analyse unterschiedlichster Planungssituationen. Betrachtungen der Ergebnisse bei typischen Unterlastsituationen führen dabei zu prinzipiell gleichen Aussagen, wie bei typischen Überlastsituationen oder stark engpaßbehafteten Belegungssituationen. Auch die Einplanung stark unterschiedlicher Produktionsauftragsspektren, ob nach Anzahl der Produktionsaufträge, der Anzahl der Fertigungsoperationen oder nach der Homogenität der Bearbeitungszeiten der Fertigungsoperationen, führt im wesentlichen nicht zu abweichenden Aussagen.

---

[99] Siehe hierzu Kapitel 6.5 und 7.3.

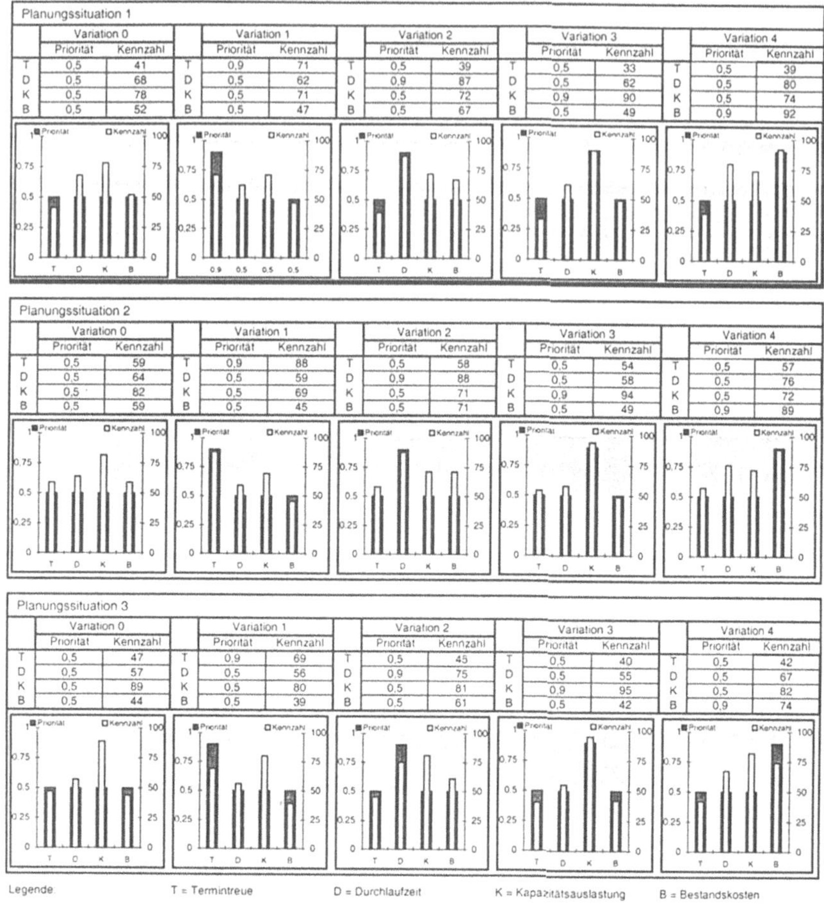

Planungssituation 1

	Variation 0		Variation 1		Variation 2		Variation 3		Variation 4	
	Priorität	Kennzahl	Priorität	Kennzahl	Priorität	Kennzahl	Priorität	Kennzahl	Priorität	Kennzahl
T	0,5	41	0,9	71	0,5	39	0,5	33	0,5	39
D	0,5	68	0,5	62	0,9	87	0,5	62	0,5	80
K	0,5	78	0,5	71	0,5	72	0,9	90	0,5	74
B	0,5	52	0,5	47	0,5	67	0,5	49	0,9	92

Planungssituation 2

	Variation 0		Variation 1		Variation 2		Variation 3		Variation 4	
	Priorität	Kennzahl	Priorität	Kennzahl	Priorität	Kennzahl	Priorität	Kennzahl	Priorität	Kennzahl
T	0,5	59	0,9	88	0,5	58	0,5	54	0,5	57
D	0,5	64	0,5	59	0,9	88	0,5	58	0,5	76
K	0,5	82	0,5	69	0,5	71	0,9	94	0,5	72
B	0,5	59	0,5	45	0,5	71	0,5	49	0,9	89

Planungssituation 3

	Variation 0		Variation 1		Variation 2		Variation 3		Variation 4	
	Priorität	Kennzahl	Priorität	Kennzahl	Priorität	Kennzahl	Priorität	Kennzahl	Priorität	Kennzahl
T	0,5	47	0,9	69	0,5	45	0,5	40	0,5	42
D	0,5	57	0,5	56	0,9	75	0,5	55	0,5	67
K	0,5	89	0,5	80	0,5	81	0,9	95	0,5	82
B	0,5	44	0,5	39	0,5	61	0,5	42	0,9	74

Legende: T = Termintreue   D = Durchlaufzeit   K = Kapazitätsauslastung   B = Bestandskosten

Abbildung 8-2 Beispielhafte Ergebnisdarstellung Praxistest[100]

---

[100] Der Praxistest bezieht sich auf unterschiedlichste Planungssituationen, d. h. auf konkrete Belegungssituationen der Fertigungsressourcen und ein einzuplanendes Auftragsspektrum. Die Kennzahlen sind zur deutlicheren graphischen Darstellung der Ergebnisse auf eine jeweils normierte Skala zwischen Minimal- und Maximalwerten der Kennzahlen umgewandelt und alle als Maximierungsziele formuliert.

9 Zusammenfassung und Ausblick

Die Fähigkeit sich schnell und flexibel an veränderte Zielsetzungen anzupassen ist für Industrieunternehmen ein klarer Wettbewerbsvorteil. Insbesondere für den Unternehmenstyp der Einzel- und Kleinserienfertigung ist es im Funktionsumfeld der Produktionsplanung und -steuerung erforderlich, hierfür unterstützende Verfahren bereitzustellen. Verstärkt wird dies durch neue Organisationskonzepte mit dezentralen Produktionsstrukturen, die durch die Schaffung teilautonomer Leistungseinheiten eine starke Autonomie der Organisationseinheiten zulassen und sie gleichzeitig einem Bewertungsmaßstab für den Erfolg bei der Ausübung der zugestandenen Funktionen unterwerfen, indem klare Zielstellungen formuliert und überwacht werden.

Die vorliegende Arbeit leistet durch die Betrachtung des Umfelds der Auftragseinplanung und die Bereitstellung eines Verfahrens zur zielorientierten Auftragseinplanung für teilautonome Leistungseinheiten einen Beitrag zur Unterstützung der Flexibilität und Zielerreichung im kurzfristig ausgerichteten Funktionsbereich der Produktionsplanung und -steuerung.

Das Umfeld der Auftragseinplanung trägt im wesentlichen dazu bei, die Zielsetzungen der Organisationsstruktur und der Dezentralisierung der Produktionsplanung und -steuerung zu unterstützen. Bei einer überschaubaren Komplexität der Aufgabenstellung können durchaus nicht algorithmisch unterstützte, einfache und angepaßte Verfahren zur Auftragseinplanung eingesetzt werden. Der teilautonomen Leistungseinheit werden bei der Auftragseinplanung Handlungsspielräume und Freiheitsgrade zugestanden, die sich positiv auf die Güte der Planungsgrundlagen auswirken und die Ziele der Organisationsstruktur unterstützen. In dezentralen Strukturen werden durch die Auftragseinplanung Anstöße zur Koordination mit angrenzenden Leistungseinheiten gegeben, die durch die folgenden Abstimmungen zwischen den Leistungseinheiten zu einem verbesserten Gesamtauftragsdurchlauf führen.

Bei einer hohen Komplexität der Aufgabenstellung der Auftragseinplanung sind algorithmisch unterstützte Verfahren einzusetzen. Wie die formulierten Anforderungen und der Stand der Technik zeigten, sind für eine zielorientierte Auftragseinplanung verbesserte bzw. neue methodische Ansätze erforderlich. Kern der Lösungsidee des, im Rahmen dieser Arbeit entwickelten, heuristischen Eröffnungsverfahrens ist die Übertragung der Gesamtproblematik der Auftragseinplanung auf die lokale Problemstellung der Auswahl der nächsten, zu belegenden Fertigungsoperation auf eine verfügbare Fertigungsressource. Hierzu werden Ziele der Gesamtproblemstellung auf die lokale Problemstellung transformiert. Die lokale Auswahlentscheidung führt zu einem Ergebnis, daß die unterschiedliche Gewichtung der Zielgrößen der Gesamtproblemstellung berücksichtigt. Dies gilt allerdings nur, und das Verfahren gewährleistet dies, wenn abgesichert ist, daß für die Auswahl nur primäre, also zielorientierte Entscheidungskriterien verwendet werden.

Labor- und Praxistests mit einem EDV-technisch realisierten Prototyp im Umfeld des Funktionsablaufs der Produktionsplanung und -steuerung bei dezentralen Produktionsstrukturen ergaben, daß die Hauptanforderungen an ein Verfahren zur zielorientierten Auftragseinplanung erfüllt werden konnten. Sich verändernde Gewichtungen der Ziele der Auftragseinplanung spiegeln sich in den Planungsergebnissen wieder. Veränderungen der Zielgewichtungen führen zu gleichartigen Veränderungen der Kennzahlen des Planungsergebnisses. Teilautonome Leistungseinheiten haben damit die Möglichkeit über die Variation der Zielgewichtungen das Planungsergebnis der Auftragseinplanung zu beeinflussen.

Ansätze für weiterführende Arbeiten ergeben sich auf dem Gebiet der Auftragseinplanung aus der Beschränkung des entwickelten Verfahrens. So ist eine Übertragung der Grundlagen des Verfahrens auf die Auftragseinplanung bei reihenfolgeabhängigen Transport- und Rüstzeiten, bei der Möglichkeit zur Splittung von Produktionsaufträgen und der Möglichkeit zur überlappten Bearbeitung, sinnvoll. Darüber hinaus ergeben sich Ansätze für weiterführende Arbeiten aus der Einbindung des Verfahrens in eine Simulationsumgebung, die ausgehend von der erzeugten Lösung des Eröffnungsverfahrens eine weitere Optimierung des Ergebnisses vornimmt.

Als wesentliche Einflußgröße auf die Flexibilität teilautonomer Leistungseinheiten in dezentralen Produktionsstrukturen kommt einer schnellen und flexiblen Verarbeitung der sich verändernden Zielgewichtungen eine besondere Bedeutung zu. Vor diesem Hintergrund gilt es zu prüfen, inwieweit das hier entwickelte Planungsinstrument auf Basis zielorientierter Entscheidungen auch auf weitere Planungsaufgaben teilautonomer Leistungseinheiten angewandt werden kann.

10 Literatur

ADA-88 Adam, D.:

Aufbau und Eignung klassischer PPS-Systeme

in: Fertigungssteuerung I. hrsg. Von Adam, D.; Wiesbaden, 1988

ADA-97 Adam, D.:

Produktions-Management

7. Auflage, Gabler Verlag, Wiesbaden, 1997

ALB-92a Albayrak, S.:

Wissensbasierte Systeme in der Fertigungssteuerung

TECHNICA, (1992), Nr. 10. S. 41 - 46, 1992

ALB-92a Albayrak, S.:

Kooperative Lösung der Aufgabe Auftragsdurchsetzung in der Fertigung durch ein

Mehr-Agentensystem auf Basis des Blackboard-Modells

Dissertation, TU Berlin, Berlin 1992

AUP-93 Aupperle, G., Bischoff, J., Block, M., Burr, G., Ullmann, B.:

Die Fraktale Fabrik lebt

in wt Produktion und Management, 3/93, S. 54 - 60

BEC-93 Bechtolsheim, M. v.:

Agentensysteme: verteiltes Problemlösen mit Expertensystemen

Braunschweig, 1993

BIS-95 Bischoff, J., Block, M., Sams, D.

Schnell von der Strategie zur Umsetzung - der direkte Weg der Friatec AG

in: Aufbruch zum Fraktalen Unternehmen

hrsg. Von Warnecke, H.-J., Springer Verlag, Berlin u. a., 1995

BIS-97 Bischoff, J.:

Dezentrale Fertigungssteuerung - gelenkt von Zielen

Tagungsband des Kongresses Flexible Fertigungssteuerung, veranstaltet durch

I.I.R., Frankfurt, 1997

BIS-97 Bischoff, J., Kämpf, R.:

Teilautonome Strukturen und deren Vernetzung in der Keramikindustrie

in Führungshandbuch Gruppenarbeit im Fertigungsbetrieb, Kognos Verlag,

Stadtbergen, 1997

BLA-94 Blazewicz, J., Ecker, K. H., Schnidt, G., et al.:

Scheduling in computer and manufacturing systems

2. Auflage, Springer Verlag, Berlin u. a., 1994

BOO-89 Bookbinder, J. H., McAuley, P. T., Schulte, J.:

Inventory an Transportation Planning in the Distribution of Fine Papers

Journal of the Operational Research Soc. (1989), Vol. 40, Nr. 2, S. 155- 166

BRA-87 Brauer, W., Wahlster, W.:

Wissensbasierte Systeme

2. Internationaler GI-Kongreß, Springer Verlag, Berlin u. a., 1987

BRÖ-91 Brödner, P., Pekruhl, U., Hennig, J., Malberg, M.:

Rückkehr der Arbeit in die Fabrik - Wettbewerbsfähigkeit durch menschenzen-
trierte Erneuerung kundenorientierter Produktion

Publikation Institut Arbeit und Technik, Wissenschaftszentrum NRW, 11.91

BUL-92 Bullinger, H.-J., Seidel, U. A.:

Neuorientierung im Produktionsmanagement; in FB/IE 41 (1992)

BUZ-71 Buzi, K.;

Die Simulation optimaler Prioritätsregeln für die Ablaufplanung in der
Werkstattfertigung; Westdeutscher Verlag, Köln und Opladen, 1971

CAR-96 Carbon, M.:

Technische Unterstützung dezentraler Organisationsstrukturen im Bereich der
kurzfristigen Auftragssteuerung

in: Werkstattmanagement - Organisation und Informatik

hrsg. Von Scherer, E., Schönsleben, P., Ulich, E., 1996

CIM-92 CIM-AG:

Jahresbericht 1992 des Arbeitskreises 3.1 der CIM-AG

Fraunhofer-Institut für Produktionstechnik und Automatisierung, Stuttgart, 1992

COR-96 Corsten, H.:

Produktionswirtschaft - Einführung in das industrielle Produktionsmanagement

6. Auflage, Oldenburg Verlag, München et. Al., 1996

DAN-92 Dangelmaier, W.:

Strategien der Fertigungssteuerung im Leistungsvergleich

in: Zeitschrift für wirtschaftliche Fertigung, Nr. 2, 1992

DEL-96	Delfmann, W.: MRP (Material Requirements Planning) in Handwörterbuch der Produktionswirtschaft, 2. Neu gestaltete Auflage, hrsg. Von Kern, W., Schröder, H., Weber, J., Schäffer-Poeschel Verlag, 1996
DOM-93	Domschke, W., Scholl, A., Voß, S.: Produktionsplanung Springer Verlag, Berlin u. a., 1993
DER-94	Drexl, a., Fleischmann, B., Günther, H.-O., et al.: Konzeptionelle Grundlagen kapazitätsorientierter PPS-Systeme in ZfbF 1994, S. 1022 - 1045
DUB-94	Dubois, D., Fargier, H., Prade, H.: The use of fuzzy constraints in job-shop scheduling in: Liebovitz, J. (Hrsg.): Moving toward expert systems globally in the 21st century, S. 483 - 492 Macmillan New Media, Cambridge, 1994
ESC-96	Eschenbach, R.: Materialwirtschaft in Handwörterbuch der Produktionswirtschaft, 2. Neu gestaltete Auflage, hrsg. Von Kern, W., Schröder, H., Weber, J., Schäffer-Poeschel Verlag, 1996
FAN-94	Fandel, G., Francois, P., Gubitz, K.-M.: PPS-Systeme - Grundlagen, Methoden, Software, Marktanalyse Springer Verlag, Berlin u. a., 1994
FEL-92	Felix, R.: Unscharfe Entscheidungen bei qualitativen Zielen Forschungsbericht Nr. 412 Universität Dortmund, Fachbereich Informatik, 1992
FIR-96	Forschungsinstitut für Rationalisierung (FIR) an der RWTH Aachen im Verbund mit dem Institut für Arbeitswissenschaft (IAW) an der RWTH Aachen: Aachener PPS-Modell - Das morphologische Merkmalsschema Sonderdruck 4/90 - 5. Auflage, 1996
FLE-96	Fleischmann, B.: Operations Research für die Produktion in Handwörterbuch der Produktionswirtschaft, 2. Neu gestaltete Auflage, hrsg. Von Kern, W., Schröder, H., Weber, J., Schäffer-Poeschel Verlag, 1996

GAR-79   Garey, M. R., Johnson, D. S.:
Computers and Intracability: A Guide to the Theory of NP-Completeness
San Francisco, 1979

GEO-87   Georgeff, M. P.:
Planning
in Annual Review in Computer Science, 1987

GRO-74   Grosse-Oetringhaus W. F.:
Fertigungstypologie unter den Gesichtspunkten der Fertigungsablaufplanung
Duncker & Humblot, Berlin, 1974

GRO-95   Grob, R.:
Mit Teilautonomen Arbeitsgruppen zu mehr wirtschaftlichem Erfolg
in Der Teamleiter - Handbuch für betriebliche Führungskräfte, Raabe Verlag,
Stuttgart, 1995

GRO-97   Grossner, B., Reif, A.:
Fertigungs- und Arbeitsorganisation bei Gruppenarbeit
in angewandte Arbeitswissenschaft (1997), Nr. 154, S. 36 - 57, 1997

GUT-84   Gutenberg, E.:
Die Produktion - Grundlagen der Betriebswirtschaftslehre
24. Auflage, Springer Verlag, Berlin u. a., 1984

HAC-89   Hackstein, R.:
Produktionsplanung und -steuerung (PPS)
2. Auflage, VDI-Verlag, Düsseldorf, 1989

HAC-89   Hackstein, R.:
Produktionsplanung und -steuerung (PPS) - Ein Handbuch für die Betriebspraxis
2. Auflage, VDI-Verlag, Düsseldorf, 1989

HAH-96   Hahn, D.:
Produktionsplanung, strategische
in Handwörterbuch der Produktionswirtschaft, 2. Neu gestaltete Auflage,
hrsg. Von Kern, W., Schröder, H., Weber, J., Schäffer-Poeschel Verlag, 1996

HAM-92   Hammer, H.:
Nutzungsgrad flexibler Fertigungssysteme abhängig vom Bedien- Servicepersonal
in: Werkstatt und Betrieb 125 (1992) 5, S. 323

HAR-94   Hartinger, M.:

Die Pflege der Parameter von Standardsoftware am Beispiel des PPS-Systems IBM-CIMAPPS

Dissertation Universität Nürnberg, 1994

HAR-95   Hartmann, M.:

Merkmale zur Wandlungsfähigkeit von Produktionssystemen bei turbulenten Aufgaben

Dissertation Universität Magdeburg, 1995

HAU-89   Haupt, R.:

Priority Rule-Based Scheduling - A Survey of Priority Rule-Based Scheduling

OR-Spectrum 11, S. 3 ff, 1989

HAU-93   Haupt, R., Schilling, V.:

Simulationsgestützte Untersuchung neuerer Ansätze von Prioritätsregeln in der Fertigung

Wirtschaftswiss. Studium 22 (1993); s. 611 ff.

HAU-96   Haupt, R.:

Prioritätsregeln für die Reihenfolgeplanung

in Handwörterbuch der Produktionswirtschaft, 2. Neu gestaltete Auflage,

hrsg. Von Kern, W., Schröder, H., Weber, J., Schäffer-Poeschel Verlag, 1996

HIN-89   Hintz, G. W., Zimmermann, H.-J.:

A method to control flexible Manufacturing Systems

European Journal of Operations Research 41 (1989), S. 321 - 324, 1989

HOC-73   Hoch, P.:

Betriebswirtschaftliche Methoden und Zielkriterien der Reihenfolgeplanung bei Werkstatt- und Gruppenfertigung

Verlag Deutsch, Frankfurt/M., Zürich, 1973

IFI-88   IFIP: International Federation for Information Processing

Working Conference on Knowledge Based Production Management Systems

Galaway, 1988

JAC-67   Jackson, J. R.:

Networks of Waiting Lines

Operations Research, Vol. 5, August 1967

JAC-96   Jacob, H.:

Produktions- und Absatzprogrammplanung

in Handwörterbuch der Produktionswirtschaft, 2. Neu gestaltete Auflage,

hrsg. Von Kern, W., Schröder, H., Weber, J., Schäffer-Poeschel Verlag, 1996

JEN-95   Jennings, N. R., Woolridge, M.:

Intelligent Agents: Theory and Practice

in Knowledge Engeneering Review 10 (1995), 1995

KAL-96   Kaluza, B.:

Gruppen- und Inselfertigung

in Handwörterbuch der Produktionswirtschaft, 2. Neu gestaltete Auflage,

hrsg. Von Kern, W., Schröder, H., Weber, J., Schäffer-Poeschel Verlag, 1996

KÄM-94   Kämmerle, W.:

Gruppenarbeit einführen - Leitfaden zur Planung und Einführung neuer Formen der

Arbeitsorganisation

in Der Teamleiter - Handbuch für betriebliche Führungskräfte,

Raabe Verlag, Stuttgart, 1994

KÄM-97   Kämpf, R.:

Ein Verfahren zur flexiblen Fertigungsführung eines Fertigungssystems für Klein-

serien mit unterschiedlich autonomen Arbeitsstationen

Dissertation an der Universität Stuttgart, Springer Verlag, Berlin u. a., 1997

KAT-94   Kath, H.:

Horizontale Abstimmung dezentraler Leiststandsysteme

Dissertation an der Ruhr-Universität Bochum, 1994

KIN-94   Kinnebrock, W.:

Optimierung mit genetischen und selektiven Algorithmen

Oldenbourg Verlag, München, Wien, 1994

KIR-95   Kirchhoff, M., Block, M., Bischoff, J.:

Fraktales Unternehmen - Teilautonome Struktruen und deren Vernetzung

CIM-Management 11, 3/95, GITO-Verlag, Berlin, 1995

KOC-93   Kocurek C.:

Wissensbasierte Produktionsleittechnik

ZwF, H. 1, S. 35 - 37, 1993

KOP-96   Koppelmann, U.:

Materialbeschaffung

in Handwörterbuch der Produktionswirtschaft, 2. Neu gestaltete Auflage,

hrsg. Von Kern, W., Schröder, H., Weber, J., Schäffer-Poeschel Verlag, 1996

KRY-96   Krycha K.-T.:

Produktionstypologien

in Handwörterbuch der Produktionswirtschaft, 2. Neu gestaltete Auflage,

hrsg. Von Kern, W., Schröder, H., Weber, J., Schäffer-Poeschel Verlag, 1996

MAL-89   Malik, F.:

Strategie des Managements komplexer Systeme - Ein Beitrag zum Management-

Kybernetik evolutionärer Systeme; 3. Auflage, Haupt, 1989

MAN-97   Mannmeusel, T.:

Dezentrale Produktionslenkung unter Nutzung verhandlungsbasierter

Koordinationsformen; Dissertation, Universität Bamberg, 1997

MAS-90   Maßberg, W.:

Dezentrale Planungs- und Steuerungsstrukturen als Konsequenz steigender

Flexibilitätsanforderungen an die Produktionsunternehmen

Automobil Industrie, 35 (1990) 3, 1990

MER-95   Mertens, P.:

Integrierte Informationsverarbeitung, Bd. 1: Administrations- und Dispositions-

systeme in der Industrie

10. Auflage, Gabler Verlag, Wiesbaden, 1995

MER-96   Mertens, P.:

Expertensysteme in PPS

in Handwörterbuch der Produktionswirtschaft, 2. Neu gestaltete Auflage,

hrsg. Von Kern, W., Schröder, H., Weber, J., Schäffer-Poeschel Verlag, 1996

MIL-96   Milling, P.:

Simulationen in der Produktion

in Handwörterbuch der Produktionswirtschaft, 2. Neu gestaltete Auflage,

hrsg. Von Kern, W., Schröder, H., Weber, J., Schäffer-Poeschel Verlag, 1996

MOS-85   Mostow, J.:

Toward Better Modells of the Design Process

The AI-Magazine, Spring 1985, 1985

MÜM-79	Müller-Merbach, H.:
	Operations Research: Methoden und Modelle der Optimalplanung
	3. Auflage, Verlag Vahlen, München, 1979
NAG-93	Nagel, K.:
	Die 6 Erfolgsfaktoren des Unternehmens
	5. Auflage, verlag moderne industrie, 1993
NEU-75	Neumann, K.:
	Operations Research Verfahren; Band 1
	Carl Hanser Verlag, München, Wien, 1975
PES-94	Pesch, E.;
	Einlastungsstrategien in der Werkstattfertigung
	in Logistik: Beschaffung, Produktion, Distribution
	hrsg. von Isermann, H., Verlag Moderne Industrie, Landsberg, 1994
REE-96	Reese, J.:
	Kapazitätsbelegungsplanung
	in Handwörterbuch der Produktionswirtschaft, 2. Neu gestaltete Auflage,
	hrsg. Von Kern, W., Schröder, H., Weber, J., Schäffer-Poeschel Verlag, 1996
REF-85	REFA, Verband für Arbeitsstudien u. Betriebsorganisation e. V.:
	Methodenlehre der Planung und Steuerung
	Hanser Verlag, München 1985
REU-91	Reutner, F.:
	Turn around - Strategie einer erfolgreichen Umstrukturierung
	3. Auflage, Verlag Moderne Industrie, Landsberg/Lech, 1991
RIE-65	Riebel, P.:
	Typen der Markt- und Kundenproduktion in produktions- und
	absatzwirtschaftlicher Sicht; in ZfbF 1965, S. 663-685, 1965
SCH-89	Schmitt, E.:
	Werkstattsteuerung bei wechselnder Auftragsstruktur - Ein Ansatz zur
	rechnerunterstützten Maschinenbelegungsplanung
	Dissertation Universität Karlsruhe, 1989
SCH-94a	Schneeweiß, C.:
	Einführung in die Produktionswirtschaft
	5. Auflage, Springer Verlag, Berlin u. a., 1994

SCH-94a   Scheer, A.-W.:

Wirtschaftsinformatik, Referenzmodelle für industrielle Geschäftsprozesse, 4. Auflage,

Springer Verlag, Berlin u. a., 1994

SCH-94b   Scheer, A.-W.:

Wirtschaftsinformatik - Referenzmodelle für industrielle Geschäftsprozesse

5. Auflage, Springer Verlag, Berlin u. a., 1994

SCH-95   Schmidt, G., Meyer, J.:

Theorie der Werkstattsteuerung

CIM Management 11 (1995) 1, S. 11 - 14

SCH-95a   Schulte, J.:

Werkstattsteuerung mit genetischen Algorithmen und simulativer Bewertung

Springer Verlag, Berlin u. a., Zugl. Dissertation, Universität Stuttgart, 1995

SCH-96   Scherer, E., Schönsleben, P., Ulich, E.:

Werkstattmanagement - Organisation und Informatik im Spannungsfeld zentraler und dezentraler Strukturen

vdf Hochschulverlag AG an der ETH Zürich, Zürich, 1996

SCH-96a   Schiemenz, B.:

Komplexität von Produktionssystemen

in Handwörterbuch der Produktionswirtschaft, 2. Neu gestaltete Auflage, hrsg. Von Kern, W., Schröder, H., Weber, J., Schäffer-Poeschel Verlag, 1996

SCH-96b   Scherer, E.:

Koordinierte Autonomie in verteilten, heterogenen Produktionssystemen

vdf Hochschulverlag AG an der ETH Zürich, Zürich, 1996

SCH-97   Schulte, A.:

Ohne arbeitsvorbereitende Tätigkeiten geht es nicht. Aber: Neue Fertigungsaufgaben erfordern eine andere Aufgabenverteilung

in: Angewandte Arbeitswissenschaft Nr. 152, S. 1 - 17, 1997

SFB-95   Sonderforschungsbereich 187; Mitteilungen für den Maschinenbau

Ausgaben Nr. 10 - 12, Ruhr-Universität Bochum, 1995

SIM-94   Simon, D.:

Fertigungsregel durch zielgrößenorientierte Planung und logistisches

Störungsmanagement

Dissertation TU München,

Springer Verlag, Berlin u. a., 1994

SPU-97   Spur, G.:

Neue Arbeitswelten in der zukünftigen Fabrik

in ZWF, Zeitschrift für wirtschaftlichen Fabrikbetrieb, 7-8/97, S. 326 - 327, 1997

STA-96   Stadler, H.,:

Hierarchische Produktionsplanung

in Handwörterbuch der Produktionswirtschaft, 2. Neu gestaltete Auflage,

hrsg. Von Kern, W., Schröder, H., Weber, J., Schäffer-Poeschel Verlag, 1996

STE-96   Steffen, R.:

Ablaufplanung bei Massenproduktion

in Handwörterbuch der Produktionswirtschaft, 2. Neu gestaltete Auflage,

hrsg. Von Kern, W., Schröder, H., Weber, J., Schäffer-Poeschel Verlag, 1996

TAY-83   Taylor, F. W. :

Die Grundsätze wissenschaftlicher Betriebsführung

Nachdruck der Originalausgabe von 1919, Raben Verlag, München, 1983

TEM-96   Tempelmeier, H.:

Flexible Fertigungstechniken

in Handwörterbuch der Produktionswirtschaft, 2. Neu gestaltete Auflage,

hrsg. Von Kern, W., Schröder, H., Weber, J., Schäffer-Poeschel Verlag, 1996

TRO-96   Troßmann, E.:

Ablaufplanung bei Einzel- und Serienproduktion

in Handwörterbuch der Produktionswirtschaft, 2. Neu gestaltete Auflage,

hrsg. Von Kern, W., Schröder, H., Weber, J., Schäffer-Poeschel Verlag, 1996

ULI-94   Ulich, E.:

Arbeitspsychologie

3. Auflage, Schäffer-Poeschel Verlag, Stuttgart, 1994

VDI-83   VDI-Richtilinie 3633:

Anwendungen der Simulationstechnik zur Materialflußplanung

VDI.Verlag, Düsseldorf, 1983

WAR-80   Warnecke, H.-J., Osman, M., Weber, G.:

Gruppentechnologie, Einsatzbreite, Verfahren und betriebsorganisatorische

Anpassung

in: FB/IE 1980; S. 5 - 12, 1980

WAR-84   Warnecke, H.-J.:

Der Produktionsbetrieb

Springer Verlag, Berlin u. a., 1984

WAR-93   Warnecke, H.-J.:

Revolution der Unternehmenskultur - Das Fraktale Unternehmen

2. Auflage, Springer Verlag, Berlin u. a., 1993

WAR-93a   Warnecke, H.-J., Braun, H.-J.:

Organisationsstrukturen im Wandel - die Fraktale Fabrik

in: Technik Trendbuch 93, moderne industrie Verlag, Frankfurt/Main, 1993

WAR-94   Warnecke, H.-J., Kühnle, H., Bischoff, J.:

Produktionsplanung und -steuerung bei Gruppenfertigung

in Logistik: Beschaffung, Produktion, Distribution

hrsg. von Isermann, H., Verlag Moderne Industrie, Landsberg, 1994

WES-93   Westkämper, E.:

Erfahren, Lernen und Verbessern auf hohem Qualitäts- und Leistungsniveau

in VDI-Berichte, Band 1047 (1993), Düsseldorf: VDI, S. 1-21

WES-95   Westkämper, E.:

Verbesserte Angebots- und Auftragsabwicklung durch abgestimmte

Produktstrukturen

in CIM Management 11 (1995) 5, S. 46 - 50, 1995

WES-96   Westkämper, E.:

Perspektiven der industriellen Produktion

Der Fraunhofer 2 / 1996

WES-96a   Westkämper, E.:

Kostentreiber PPS

Fraunhofer IPA-Technologieforum, PPS - Millionenpotential oder Odyssee?

17. Oktober 1996, Fraunhofer Institut für Produktionstechnik und Automatisierung,

1996

WES-96b   Westkämper, E.:

Wettbewerbsvorteile durch neue Fertigungstechnologien

in Zeitschrift für Loigstik, 10 (1996) 5, S. 5-8, 1996

WES-96b   Westkämper, E., Haats, C., Lücke, O.:

Lerneffekte planen und steuern

in ZWF 91 (1996) 10, S. 458 - 460, 1996

WES-97   Westkämper, E.:

Manufacturing on Demand

in 2. Stuttgarter PPS-Seminar F 26, Kundenorientierte Planung der Produktion - Methoden und Instrumente effektiver Grobplanung, 18. Juni1997, Fraunhofer Institut für Produktionstechnik und Automatisierung, 1997

WIE-89   Wiendahl, H.-P., Lüssenhop, Th.:

Wirkung von Prioritätsregeln - Eine kritische Betrachtung

in VDI-Zeitschrift 131 (1989), S. 36-41

WIE-96   Wiendahl, H.-P.:

Produktionsplanung und -steuerung

in Produktion und Management »Betriebshütte«, Teil 2

Hrsg.: Akademischer Verein Hütte e. V., Berlin. Hrsg. von Eversheim, W., Schuh, G., Springer Verlag, Berlin u. a., 1996

WIE-97   Wiendahl, H.-P.:

Betriebsorganisation für Ingenieure

4. Auflage, Hanser Verlag, München, Wien, 1997

WIL-94   Wildemann, H.:

Die modulare Fabrik, 4. Auflage,

gmft Verlag, München, 1994

WIN-96   Wincheringer, W.:

Ein Verfahren zur reportbasierten Diagnose von technischen Maschinenstörungen in der Instandhaltung

Dissertation Universität Stuttgart, 1996

WIT-96   Witte, T.:

Materialbedarfsplanung

in Handwörterbuch der Produktionswirtschaft, 2. Neu gestaltete Auflage, hrsg. Von Kern, W., Schröder, H., Weber, J., Schäffer-Poeschel Verlag, 1996

ZÄP-96   Zäpfel, G.:

PPS (Produktionsplanung und -steuerung)

in Handwörterbuch der Produktionswirtschaft, 2. Neu gestaltete Auflage,

hrsg. Von Kern, W., Schröder, H., Weber, J., Schäffer-Poeschel Verlag, 1996

ZEL-94   Zelewski, S. :

Expertensysteme in der Produktionsplanung und -steuerung, in:

Corsten, H. (Hrsg.): Handbuch Produktionsmanagement, Strategien - Führung -

Technologie - Schnittstellen

Wiesbaden 1994, S. 781 - 802

ZET-94   Zetlmayer, H.:

Verfahren zur simulationsgestützten Produktionsregelung in der Einzel- und

Kleinserienproduktion

Dissertation Universität München, Springer Verlag, Berlin u. a., 1994

ZIB-92   Zibell , R. M.:

Just-in-Time: Philosophien, Grundlagen, Wirtschaftlichkeit

Hussverlag, München, 1992

ZIE-96   Ziegler, H.:

Arbeitsplanung und CAP

in Handwörterbuch der Produktionswirtschaft, 2. Neu gestaltete Auflage,

hrsg. Von Kern, W., Schröder, H., Weber, J., Schäffer-Poeschel Verlag, 1996

ZIM-85   Zimmermann, A.:

Evolutionsstrategische Modelle bei einstufiger, losweiser Produktion

Reihe: Schriften zur Unternehmensplanung, Bd. 5, Frankfurt/M.; Verlag Lang,

1985

ZIM-96   Zimmermann, H.-J.:

Fuzzy Sets in der Produktion

in Handwörterbuch der Produktionswirtschaft, 2. Neu gestaltete Auflage,

hrsg. Von Kern, W., Schröder, H., Weber, J., Schäffer-Poeschel Verlag, 1996

ZÜL-90   Zülch, G.:

Systematisierung von Strategien zu der Fertigungssteuerung

in: Organisationsstrategie und Produktion, hrsg. Zahn, E.,

Verlag gfmt, München, 1990